# ALEX MUSTARD
# IM RIFF

# ALEX MUSTARD

# IM RIFF

Aus dem Englischen von
Ursula Bischoff

Die Originalausgabe erschien 2007 unter dem Titel
»Reefs Revealed« bei Constable & Robinson Ltd, London, England.

Copyright © 2007 Alex Mustard

© für die deutschsprachige Ausgabe terra magica in der
F. A. Herbig Verlagsbuchhandlung GmbH, München 2008
Alle Rechte vorbehalten.
Printed in Singapore
ISBN 978-3-7243-1010-5

Terra magica ist seit 1948 eine international geschützte Handelsmarke
und ein eingetragenes Warenzeichen® der Belser Reich Verlags AG.

www.terramagica.de

Seite 2

Ein kleines Zwerg-Seepferdchen (*Hippocampus denise*, 12 mm)
klammert sich an eine Fächerkoralle
(*Subergorgia mollis*).

Misool-Insel, Raja Ampat. Indonesien, Ceram-See.
Nikon D2X + 105 mm, 1/250 bei F36

# INHALT

<< Eine Suppenschildkröte (*Chelonia mydas*) schwimmt
über einem flachen Korallengarten.

Sipadan-Insel, Sabah. Malaysia, Molukkensee.
Nikon D2X + 16 mm, 1/50 bei F5

∧ Ein Anemonenfisch (*Amphiprion ocellaris*) schwimmt
durch die nesselnden Tentakeln der Prachtanemone
(*Teteractis magnifica*).

Südliche Vogelkopf-Halbinsel. West-Papua, Indonesien.
Nikon D2X + 10,5 mm x 1,5x TC, 1/6 bei F8

>  >  Der Sekretärinnen-Blennyfisch (*Acanthemblemaria maria*) hält nach einem Wurmloch Ausschau.

West Bay, Grand Cayman. Kaimaninseln, Karibisches Meer.
Nikon D2X + 10,5 mm, 1/180 bei F25

Stellen Sie sich einen Moment lang vor, Sie befänden sich nicht auf der Erde, sondern unternähmen einen Spaziergang auf dem Mond. Mir persönlich hilft diese Vorstellung, die Dinge in die richtige Perspektive zu rücken. Wenn man auf unsere Erde zurückblickt, ist ihre Schönheit atemberaubend – ein blau, weiß und grün schimmernder Himmelskörper, der sich gegen die unendliche schwarze Leere des Weltraums abzeichnet.

Die Erde vermittelt aus dieser Sicht den Eindruck, als wäre sie vier Mal größer als der Mond, und selbst mit bloßem Auge lassen sich auf Anhieb Konturen erkennen. Doch keine dieser Konturen ist von Menschenhand gemacht. In einer niedrigen Umlaufbahn um die Erde ist es noch möglich, Städte, breite Straßen und Felder zu erkennen, doch wenn man zehn Prozent der Reise zum Mond zurückgelegt hat, wäre nicht einmal mehr ein so gigantisches Bauwerk wie die Chinesische Mauer auszumachen. Nur eine einzige Struktur, die von einer Lebensgemeinschaft errichtet wurde, ist vom Mond aus sichtbar: eine schillernde türkisfarbene Kette in einem königsblauen Ozean, die sich mehr als 2000 Kilometer an der Ostküste Australiens entlangzieht: das Great Barrier Reef.

Korallenriffe sind, auch wenn man darüber geteilter Meinung sein kann, das faszinierendste und herrlichste Ökosystem der Erde. Das marine Leben ist hier ungeheuer reich, bunt, komplex und hochproduktiv. Riffe sind ungeheuer wichtig für die Menschheit. Sie bieten mehr als 500 Millionen Menschen in über 100 Ländern eine Einkommensquelle, Nahrung und Küstenschutz. Riffe tragen nachhaltig zur regionalen Wirtschaft bei. Das Great Barrier Reef zieht beispielsweise 1,8 Millionen Touristen im Jahr an und kann Einnahmen von mehr als 3,3 Milliarden US-Dollar verbuchen; das Küsten-Ökosystem in Florida bringt es schätzungsweise auf 2,7 Milliarden Dollar im Jahr. Ökonomen haben ausgerechnet, dass Riffe weltweit einen Nettonutzen von jährlich 30 Milliarden US-Dollar erzielen, obwohl auch Beträge genannt wurden, die sich auf das Zehnfache belaufen.

Solche Zahlen mögen für Politiker überzeugende Argumente darstellen, aber das Wesentliche erfassen sie nicht. Dollarzeichen können niemals den kulturellen, ästhetischen und ökologischen Wert der Riffe auf angemessene Weise beschreiben. Riffe bilden massive Kalziumkarbonat-Ablagerungen, speichern Kohlenstoff und regulieren den Kohlendioxidgehalt der Atmosphäre. Für jedes Gramm Kohlendioxid, das sie in ihr lebendes Gewebe einfügen, wird ein weiteres Gramm in ihrem Skelett gebunden. Auf Korallenriffe entfällt ungefähr die Hälfte der gesamten Kalksteinproduktion (Kalziumkarbonat) im Jahr.

Riffe sind außerdem unvergleichliche Schutzzonen für die marine Biodiversität (die Vielfalt der Arten, die Vielfalt innerhalb der Arten und die Vielfalt des Ökosystems). Bisher wurden annähernd 1,86 Millionen Pflanzen- und Tierarten auf unserem Planeten dokumentiert. Angesichts unserer natürlichen terrestrischen Neigung sind nur ca. 15 Prozent Meeresbewohner. Die Wissenschaft hat knapp 100 000 Arten von Korallenriff-Pflanzen und -Tieren beschrieben, etwa 33 Prozent des gesamten Bestandes. Und die meisten Experten stimmen darin überein, dass dabei nur einer von 20 Meeresbewohnern erfasst wurde (zugegeben, die restlichen Arten sind größtenteils nur unter dem Mikroskop sichtbar). Einige Fotografien in diesem Buch zeigen neue, noch nicht beschriebene Spezies: auf Seite 124 f. ist eine Haiart abgebildet, die erst 2006 von Forschern entdeckt wurde und derzeit noch keinen Namen besitzt. Die Anzahl aller Arten, die in Korallenriffen leben, beläuft sich nach vorsichtiger Schätzung auf mindestens 618 000. Der obere Schätzwert liegt bei annähernd zehn Millionen.

Der Artenreichtum ist ein nützlicher Maßstab für die Vielfalt, doch er sagt wenig über die außergewöhnliche Biodiversität aus, die sich innerhalb der Korallenriffe konzentriert. Die phylogenetische oder stammesgeschichtliche Diversität ist in dieser Hinsicht wesentlich aufschlussreicher. Alle lebenden Tiere werden 34 Phyla (Stämmen oder taxonomischen Gruppen) zugeordnet. Jedes Phylum repräsentiert eine unterschiedliche morphologische Lösung für die Probleme mehrzelliger Lebewesen. Je mehr Phyla in einem Ökosystem vorhanden sind, desto unterschiedlicher sind die verschiedenen Tierarten, die es beherbergt, und desto größer ist die genetische Vielfalt. Die tropischen Regenwälder bilden, auch darüber lässt sich streiten, das vielfältigste Ökosystem an Land; es umfasst eine Fläche, die zwanzig Mal größer als die Korallenriffe ist. In den Regenwäldern sind neun Phyla beheimatet. Wenn wir die Zahlen schönen und Süßwasserflüsse und Seen hinzunehmen, die man mit den Regenwäldern in Verbindung bringt, kommen wir auf 17 Phyla. Korallenriffe können auf 32 bis 34 Phyla verweisen.

Dieses bunte Kaleidoskop von Lebewesen erweist sich zunehmend als ergiebige Quelle pharmazeutisch aktiver Komponenten. Aus den bekannten Riffschwämmen, Mollusken, Korallen und Algen werden Arzneimittel zur Behandlung von HIV, Krebs, Leukämie und Malaria sowie schmerzlindernde und entzündungshemmende Medikamente gewonnen. Korallen, in Knochenzellen implantiert, fördern die Heilung bei schweren Knochenfrakturen.

Kehren wir kurz zum Mond zurück; selbst ein flüchtiger Blick auf die Erde enthüllt, dass das Meer unseren Planeten dominiert. Meere mit einer durchschnittlichen Tiefe von 3,8 Kilometern bedecken 71 Prozent der Erdoberfläche (ungefähr 360 Millionen Quadratkilometer). Das Meer repräsentiert 99,5 Prozent des Volumens, das auf der Erde von Lebewesen eingenommen wird. Angesichts des Artenreichtums, den man auf Korallenriffen vorfindet, überrascht es vielleicht zu erfahren, dass auf diese Ökosysteme ein verschwindend kleiner Anteil der Meeresfläche entfällt – ungefähr 600 000 Quadratkilometer –, so groß wie Frankreich oder ein Sechstel Prozent der gesamten Meeresfläche. Der Beitrag der Korallenriffe ist durch die enge physiologische Toleranz der riffbildenden Arten begrenzt. Vom hellen Sonnenlicht abhängig, befinden sich fast alle Riffe in Flachwasserregionen, verteilt auf die Tropen und Subtropen von der Bucht von Tokio im Norden (34 Grad nördlicher Breite) bis zur Lord-Howe-Insel im Süden (31,5 Grad südlicher Breite). Temperaturmuster, Salzgehalt, Nährstoffkonzentration, Trübstoffbelastung, Kalziumkarbonat-Übersättigung, Beschaffenheit des 11

Untergrunds und Brandungsstärke gehören ebenfalls zu den wichtigen Einflussfaktoren.

Wenn man an einem Korallenriff den Kopf unter Wasser hält, fällt sofort die Klarheit des Wassers auf. An manchen Tagen ist es so transparent, dass man von einem Schwindelgefühl erfasst wird. Das liegt daran, dass hier wenig Phytoplankton (pflanzliches Plankton) zu finden ist. Pflanzen brauchen sowohl Licht als auch Nährstoffe, um zu wachsen. In den Tropen gibt es viel Licht, aber wenig Nährstoffe, die sich im Oberflächenwasser auflösen. Tropische Gewässer sind ökologisch karg und werden oft als die Wüsten der Meere bezeichnet. Doch diese Wüsten beherbergen die massiven Strukturen und vielfältigen Lebensgemeinschaften der Korallenriffe, in denen das Wachstum hundert Mal größer ist als in dem Wasser, das sie umgibt.

Riffe gedeihen in diesen Meereswüsten, weil das Gewebe jeder einzelnen riffbildenden Koralle mit Zooxanthellen gefüllt ist – einzelligen Algen –, die alle Lebewesen in dieser symbiotischen Partnerschaft mit Sonnenenergie »aufladen«. In der Regel findet man zwischen einer Million und fünf Millionen Zooxanthellen in einem Quadratzentimeter Korallengewebe. Die Algen gedeihen, weil sich in der Koralle eine Fülle von Nährstoffen befindet, verglichen mit den unergiebigen Gewässern außerhalb des Riffs. Diese Nährstoffe stammen überwiegend von den Abfallprodukten der Koralle und werden im Nahrungsnetz engmaschig wiederverwertet. Die Zooxanthellen nehmen Wasser und Kohlendioxid auf und erzeugen mittels Fotosynthese Sauerstoff und Zucker, von denen ein Großteil (bis zu 95 Prozent des Zuckers) den Korallen als Nahrung dient. Riffbildende Korallen decken ihren Nährstoffbedarf fast ausschließlich mit den Zooxanthellen; deshalb sind sie auf durchlichtete Flachwasser angewiesen und haben Wuchsformen entwickelt, die ähnlich wie Pflanzen das Licht einfangen. Die flachen Riffe werden daher aus gutem Grund »Korallengärten« genannt. Wird eine Koralle des Lichts beraubt, verkümmert sie binnen weniger Wochen.

Die Fotosymbiose ist eine weitere hervorragende Strategie der Tiere, sich zusätzliche Nahrung zu verschaffen; sie hat sich im Laufe der Evolution etliche Male artübergreifend durchgesetzt. Bei den heute noch existierenden Riffen enthalten bestimmte Arten von Schwämmen, Mollusken, Plattwürmern, Röhrenwürmern und Seescheiden in ihrem Inneren ebenfalls symbiotische Algen. Diese Beziehungen entstehen vermutlich, wenn sich der Wirt von einem möglichen Symbionten ernährt und im Verlauf der Jahrtausende eine Strategie entwickelt, um diese Partnerschaft zu »zementieren«. Die Kräuselschnecke *(Elysia crispata)*, die in der Karibik heimisch ist, ernährt sich von Algen. Viele Pflanzenzellen, die sie verzehrt, werden verdaut, doch einige gelangen unversehrt in die Verästelungen des Darms, die sich in die buschförmig verzweigten Fortsätze auf ihrem Rücken erstrecken. Hier setzen die Algen die Fotosynthese fort und produzieren Zusatznahrung.

Die Fotosymbiose bietet den Riffbildnern nicht nur eine Nahrungsquelle, die ihnen gestattet, in einer nährstoffarmen Umgebung zu gedeihen, sondern erhöht auch die Geschwindigkeit, mit der ihre Kalziumkarbonat-Skelet-

te entstehen. Im Zuge der Fotosynthese verbrauchen die Zooxanthellen das Kohlendioxid im Korallengewebe, verbessern somit die Bedingungen für die Kalkbildung und beschleunigen den Prozess des Riffbaus. Trotz ihres gegenteiligen Rufs sind Korallen relativ schnell wachsende Lebewesen. Die Zweige der *Acropora*-Arten verzeichnen einen Zuwachs von 15 bis 20 Zentimetern im Jahr, während massivere Arten wie die *Montastrea* mehr Zeit brauchen: Das Wachstum einer gesunden Kolonie liegt bei maximal 0,5 Zentimetern pro Jahr. Brandung und Strömungen nutzen das Riff ab und viele Mitglieder der Riffgemeinschaft untergraben die Riffstruktur auf mechanischem oder chemischem Weg. Papageifische knabbern und kratzen beispielsweise daran und einige zweischalige Muscheln, Würmer und Schwämme lösen sie Schritt für Schritt auf. Zooxanthellen sind für die Existenz der Riffe von entscheidender Bedeutung, weil sie den Riffbildnern ermöglichen, schneller Kalk aufzubauen als durch die gesamte Erosion verloren geht.

Die riffbildenden Korallen decken ihren Nahrungsbedarf fast ausschließlich mit den Zooxanthellen, doch sie machen auch von anderen Nahrungsoptionen Gebrauch, um eine ausgewogene Ernährung zu gewährleisten. Korallen bilden Kolonien, die aus vielen genetisch identischen Polypen bestehen, sessilen Nesseltieren mit einem Ring stacheliger Tentakeln um die Mundöffnung. Diese Tentakeln gestatten der Koralle, wie ein Raubtier auf Beutefang zu gehen und Plankton aus dem Wasser zu fischen. Manche Korallen können außerdem Partikel und Plankton in einem Schleimnetz fangen, das sie absondern, und sich zusätzliche Nahrung verschaffen, indem sie aufgelöste organische Substanzen aus dem Wasser absorbieren. Diese vielfältigen Nahrungsoptionen versorgen sie mit wichtigen Nahrungskomponenten, die ihnen die Zooxanthellen nicht bieten können. Einmalig ist, dass sie dadurch gleichzeitig auf verschiedenen Ebenen im komplexen Nahrungsnetz eines Riffs aktiv werden können: Fotosynthese, Absorbieren aufgelöster Substanzen, Filtrieren der Nahrung mit dem Schleimnetz und aktiver Beutefang mit ihren Polypen.

Riffe sind ein Denkmal, das den perfekten, vielfachen Anpassungen der Korallen an ihre nährstoffarme Umwelt gesetzt wurde. Korallen sind indes nicht die einzigen Riffbildner: kalkhaltige Algen, einzellige Foraminiferen (schalentragende Amöben mit Löchern, durch die Scheinfüße ragen) und andere wirbellose Tiere haben ebenfalls einen erheblichen Beitrag geleistet. Der daraus resultierende Lebensraum bietet die strukturelle Grundlage für dieses komplexe, produktive und vielfältige Ökosystem.

Paradoxerweise sind Korallenriffe geologisch uralt und gleichzeitig überraschend jung. Riffbildende Korallen und Fische entwickelten sich im Zuge der Evolution vor mehr als 450 Millionen Jahren, obwohl die heute existierenden Korallen erst in den letzten 65 Millionen Jahren die dominanten Riffbildner waren, seit der Massenvernichtung des Lebens auf der Erde, der auch die Dinosaurier zum Opfer fielen. Unsere zeitgenössischen Riff-Fische entwickelten sich gleichzeitig und erlebten vor 65 bis 50 Millionen Jahren eine Periode rasanter Diversifikation. Vor etwa 50 Millionen Jahren entstanden in der Riffgemeinschaft die zahlreichen Gruppen, die es heute noch gibt. Natürlich waren die Arten anders, aber der Chirurgenfisch war bereits ein Doktorfisch und der Falterfisch zeichnete sich schon damals durch seine Farbigkeit und seine flügelähnlichen Flossen aus. Infolgedessen ist die Biologie der Riff-Fische und der Korallen eng miteinander verwoben.

Unsere heute noch existierenden Korallengemeinschaften sind kein einzigartiges Phänomen in der Geschichte der Geologie und marine Arten, angefangen bei den Bakterien, haben seit mindestens 3500 Millionen Jahren Riffe erbaut. Flachwasserriff-Gemeinschaften sind im Laufe der Evolution einige Male entstanden und ausgestorben; die Antriebskräfte dieses Wandels waren unterschiedliche Arten, die Kalziumkarbonat-Riffe bilden, von einzelligen Bakterien und Algen bis zu mehrzelligen wirbellosen Tieren wie Schwämmen, Würmern, Seelilien, Moostierchen, zweischaligen Muscheln und uralten Korallen. Und obwohl die »Rollen« der Riffbewohner während der letzten 50 Millionen Jahre weitgehend ähnlich gelagert waren, wurden sie immer wieder zu Anpassungen gezwungen.

Die größte Veränderung trat vermutlich ein, als einem Mitglied der Steinkorallenfamilie, der Gattung *Acropora*, der Aufstieg zur Macht gelang. Sie ist mit einem Anteil von bis zu 80 Prozent der Korallenstöcke auf den heute existierenden Riffen präsent. Die *Acropora*-Revolution fand erst vor zwei Millionen Jahren statt, unlängst aus geologischer Sicht und zu einer Zeit, als ein früher Angehöriger unserer Gattung *Homo* bereits auf der Erde wandelte. Der Umbruch in der Riffgemeinschaft begann, als einige Korallenarten ausstarben und die schnell wachsenden *Acroporen* sich verzweigten, um die vakanten Nischen zu besetzen.

Eine ausschlaggebende Rolle für die neuzeitliche Riffentwicklung in den letzten 150 000 Jahren (seit es unsere Spezies *Homo sapiens* gibt) spielten die Eiszeitzyklen und die damit verbundenen beträchtlichen Schwankungen des Meeresspiegels. Die letzte bedeutende Eiszeit erreichte ihren Höhepunkt vor 18 000 Jahren, vereinnahmte und verwandelte riesige Wassermengen in Gletschereisflächen, die große Bereiche Nordamerikas und Nordeuropas bedeckten. Damals lag der Meeresspiegel ungefähr 120 bis 135 Meter tiefer als heute. Bei seinem Rückzug ließ das Meer die bestehenden Riffe, die höher lagen, trocken zurück, sodass sie steilen, felsigen Bergen mit tropischem Pflanzen- und Baumbewuchs an den Küstenhochebenen glichen. Wind, Regen, Wurzeln und Flüsse trugen zur Erosion der exponierten Riffe bei, rissen Lücken in Barrieren und brachten die Höhlensysteme im porösen Kalkstein zum Einsturz. Mittlerweile entstanden neue Riffe an bevorzugten Standorten, in durchlichteten Gewässern mit einer Tiefe unter 30 Metern.

Vor etwa 15 000 Jahren begann das Eis zu schmelzen und der Meeresspiegel hob sich rapide, pendelte sich vor ungefähr 7000 Jahren auf seinem derzeitigen Stand ein. Auf dem Höhepunkt der Eisschmelze stieg der Meeresspiegel um mehr als zehn Meter pro Jahrhundert. Die Riffe, die während der Eiszeit entstanden waren, konnten nicht schnell genug wachsen, um mit der Entwicklung Schritt zu halten. Ihre Zooxanthellen waren außerstande, den

erforderlichen Lichtbedarf zu decken, und die exponierten, verwitterten Strukturen gingen buchstäblich unter. Als sie abermals im Wasser versanken, boten sie indes eine ideale Plattform für neues Korallenwachstum. Die meisten heute existierenden Riffe gleichen einem dünnen »Furnier«, selten dicker als zwanzig Meter, und wachsen auf diesen wesentlich älteren Rifffundamenten. Die Riffgemeinschaft brauchte ein paar Tausend Jahre, um sich von diesen Turbulenzen ausreichend zu erholen, was bedeutet, dass unsere heutigen Riffe im Allgemeinen jünger als 5000 Jahre sind. Um den zeitlichen Zusammenhang zu veranschaulichen: Während sich die heute existierenden Riffe bildeten, bauten die alten Ägypter die Pyramiden in Gizeh und nahmen die alten Britannier an Kulthandlungen in Stonehenge, unweit meines Heimatortes, teil.

Kurzfristig haben solche katastrophalen Veränderungen verheerende Auswirkungen auf Riffe, aber aus der Perspektive der Jahrtausende haben sie überdauert, sich erholt und angesichts der Widrigkeiten und des Wandels sogar ein gedeihliches Wachstum zu verzeichnen. Die Fluktuationen des Meeresspiegels im West-Pazifik, die mit der komplexen Inselgeografie in einem großen Teil Südostasiens in Zusammenhang stehen, könnten kurzfristig zu einer Zerstörung des Lebensraums führen, aber sie dienen gleichzeitig der Isolierung von Populationen, begrenzen den Genfluss und stellen einen Mechanismus für die Artenbildung dar. Auf einer kurzen Zeitskala sind Riffe biologisch fragil und außerordentlich störanfällig. Auf lange Sicht sind sie geologisch robust und in der Lage, sich auf einen Zustand des Ungleichgewichts einzustellen, der die Biodiversität fördert.

Das Wort »Riff« leitet sich vom Mittelenglischen *riff* und dem Altnordischen *riff* her, Seefahrerbegriffen, mit denen gefährliche Untiefen – Erhebungen auf dem Meeresboden, die bis knapp unter die Wasseroberfläche reichen – bezeichnet wurden. Im biologischen Bereich wird es als Synonym für »Korallenriff« verwendet und beschreibt die Vielzahl der Strukturen, die von der Riffgemeinschaft gebildet werden. Auf der strukturellen Ebene unterscheidet man vier Rifftypen: Plattformriffe, Saumriffe, Barriereriffe und Atolle.

Plattformriffe bestehen aus kleinen, relativ unscheinbaren Korallenbänken, die sich auf dem Boden von seichten Lagunen oder Buchten erheben und von Sand oder Seegrasbetten umgeben sind. Saumriffe sind am weitesten verbreitet. Sie erstecken sich entlang der Küste des Festlandes oder einer Insel und bilden eine vorgelagerte Kette von Korallenbänken, oft durch eine schmale seichte Lagune getrennt. Die Saumriffe in einigen Küstenregionen Südostasiens beherbergen die artenreichsten Lebensgemeinschaften der Welt. Barriereriffe wachsen erheblich weiter von der Küste entfernt (an der Kante des Kontinentalschelfs zur Tiefsee) und umschließen breite und tiefe Lagunen. Es gibt weltweit 30 große Barriereriffe, unter anderem vor den Fidschi-Inseln, Madagaskar und Belize und das bekannte Great Barrier Reef im Osten Australiens. Atolle sind niedrige, ringförmige Riffe, die auf Erhebungen des Meeresbodens und versunkenen vulkanischen

Inseln entstanden. Es gibt weltweit etwa 300 Atolle, die sich im offenen Meer befinden und häufig Ketten bilden. Der Begriff »Atoll« geht auf das maledivische Wort *atolu* zurück; die gesamte Republik Malediven wurde auf dem Fundament einer Kette von 26 Atollen im Indischen Ozean errichtet. Viele große Riffe bilden außerdem eine Vielzahl flacher Inseln – die 1000 Inseln der Malediven ragen maximal 2,4 Meter aus dem Meer empor und sind somit das tiefstliegende Festland der Welt.

Charles Darwin fand eine Erklärung für die Entstehung der Atolle, die er vor 170 Jahren erstmals präsentierte. Er gelangte zu der Überzeugung, dass ein Atoll sämtliche Rifftypen in sich vereinigt und nur unterschiedliche Stadien der Entwicklung jeweils sichtbar sind. Saumriffe, Barriereriffe und Atolle entwickeln sich nach seiner Theorie fortlaufend, wenn das zugrunde liegende Fundament im Meer versinkt. Zuerst bilden sich Saumriffe um vulkanische Inseln. Sie wachsen nach oben und nach außen, weil das Meerwasser bessere Wachstumsbedingungen bietet als Lagunen. Aus den Saumriffen werden Barriereriffe am Rande der Tiefsee und die Barriereriffe verwandeln sich in Atolle, wenn die Insel im Meer versinkt und das Riff immer weiter aufgestockt wird, um im durchlichteten Flachwasser zu bleiben.

Hieb- und stichfeste Beweise für Darwins Theorie ließen 115 Jahre auf sich warten und kamen aus einer völlig unwahrscheinlichen Quelle – von den US-Streitkräften. Ende der 1940er- und Anfang der 1950er-Jahre zündete die US Navy auf den Marshall-Inseln im Pazifik die erste Wasserstoffbombe der Welt; der Test ging unter dem Kodenamen Ivy Mike in die Geschichte ein. Dabei wurden tiefe Bohrlöcher im Eniwetok-Atoll angebracht, um die geologische Stabilität während des Tests zu gewährleisten. Diese Bohrlöcher reichten erstmals vom Korallen-Kalksteinfels bis in den darunter befindlichen vulkanischen Basalt auf dem Meeresgrund. Die Bohrung enthüllte, dass der Kalkstein noch in einer Wassertiefe von mehr als einem Kilometer von Flachwasser-Rifftypen stammte. Darwins Theorie hatte sich bestätigt: Flache Saumriffe waren direkt auf dem Lavagestein der Insel entstanden und fortwährend nach oben gewachsen, als die Insel im Meer versank. Kalksteinriff-Ablagerungen von 1300 Metern Dicke, die mit Unterbrechungen im Verlauf der letzten 60 Millionen Jahre entstanden, bilden die oberste Schicht des vulkanischen Gesteins auf Eniwetok.

Weltweit befinden sich 15 Prozent der Riffe im Tropengürtel des Atlantiks, 53 Prozent in Südostasien (einschließlich des Indischen Ozeans), 19 Prozent im Pazifischen Ozean und 9 Prozent an der Küste des Roten Meeres, des Arabischen Golfs und vor Ostafrika. Im weitesten Sinne lassen sich Riffe zwei Kategorien zuordnen: den atlantischen und den indopazifischen Riffregionen, getrennt durch die amerikanische und die afrikanische Landmasse. Viele zum Riff gehörende Meerestierarten (zum Beispiel große Haie, Rochen, Barrakudas usw.) bevölkern beide Regionen; dazu kommen einige Bona-fide-Arten wie der Igelfisch *(Diodon hystrix)*, der Schrift-Feilenfisch *(Aluterus scriptus)* und der Weihnachtsbaum-Röhrenwurm *(Spirobranchus giganteus)*. Ansonsten setzt sich die Riff-Fauna dieser beiden Regionen aus

unterschiedlichen Arten zusammen, auch wenn sie eindeutig von denselben Vorfahren abstammen und die eng verwandten Arten eine ähnliche ökologische Rolle innehaben.

Auch die Verteilung der Arten ist in beiden Regionen unterschiedlich und jede hat ihre Biodiversitäts-Hotspots – Bereiche, in denen die biologische Vielfalt besonders ausgeprägt ist. Im Atlantik ist die Biodiversität rund um die karibischen Inseln am größten, mit abnehmender Tendenz nach Norden, Süden und Osten. Im Indopazifik erreicht die Biodiversität im südostasiatischen »Korallendreieck« ihren Höhepunkt. Dieses imaginäre Dreieck erstreckt sich von Sumatra im Westen bis zu den Philippinen im Nordosten und dem östlichen Zipfel von Neuguinea im Südosten. Wissenschaftler (und Tourismusorganisationen) sind geteilter Meinung, was die genauen Grenzen betrifft, aber sicher ist, dass die biologische Vielfalt der Riffe mit der Entfernung vom südostasiatischen Archipel abnimmt. Noch rapider ist der Rückgang der Biodiversität im Pazifik in östlicher Richtung und im Indischen Ozean in westlicher Richtung, eine Entwicklung, die hier jedoch eher schrittweise verläuft. Endemische – auf ein enges Gebiet beschränkte – Arten kommen am häufigsten in isolierten Riffsystemen vor, beispielsweise vor Hawaii und im Roten Meer. In den Gewässern vor Hawaii sind mehr als 30 Prozent aller Fischarten nur dort heimisch.

Die indopazifische Riff-Fauna ist wesentlich artenreicher als die atlantische. Es gibt mehr als 4000 indopazifische Fischarten, verglichen mit weniger als 900 im tropischen Atlantik. Bei Krustentieren, Mollusken und Korallen ist das Muster ähnlich. Die artenreichsten indopazifischen Riffe dienen bis zu 600 riffbildenden Korallenarten als Lebensraum, im gesamten Atlantik beläuft sich ihre Anzahl auf weniger als 100. Bei anderen Gruppen sind die Unterschiede weniger ausgeprägt: Schwämme sind wesentlich gleichmäßiger verteilt, wobei 65 Prozent der Arten im Indopazifik auf die karibischen Riffe entfallen. Wenn indopazifische Arten versehentlich in die verarmte Fauna anderer Riffe eingeschleust werden, scheinen sie interessanterweise zu gedeihen. Die indopazifische Kelchkoralle *(Tubastrea coccinea)* ist vermutlich vor mehr als 50 Jahren per Schiff in die Karibik gelangt und inzwischen weit verbreitet in der Region. Seit Mitte der 1990er-Jahre hat sich der indopazifische Rotfeuerfisch *(Pterois volitans)* rund um Florida, die Carolineninseln im Norden und die Bahamas angesiedelt. Diese Feuerfische wurden mit an Sicherheit grenzender Wahrscheinlichkeit aus Aquarien freigelassen und vermehren und verbreiten sich rapide in der Region.

Auch der Lebenszyklus trägt bei der Mehrzahl der Riffarten zu ihrer Verbreitung bei. Die meisten ausgewachsenen Riff-Fische verbringen den größten Teil ihres Lebens am selben Ort, während Korallen und andere sessile wirbellose Tiere »festsitzen« und sich überhaupt nicht vom Fleck bewegen. Die wichtige Aufgabe der Verbreitung der Art obliegt nicht den adulten Tieren, sondern den Neugeborenen. Die sexuelle Fortpflanzung führt bei den meisten Riffarten zur Entstehung pelagisch lebender Larven. Sie verlassen das Riff und schließen sich der Planktongemeinschaft an, die für ihre weitläufige Verbreitung sorgt; in der Regel dienen sie anderen Lebewesen, die sich von Plankton ernähren, als Futter. Das larvale Stadium umfasst in der Regel einen Zeitraum zwischen wenigen Tagen und mehreren Monaten, je nach Art. Es endet, wenn die Jungtiere zum Riff zurückkehren, sich dort niederlassen und schon nach kurzer Zeit mittels Metamorphose ihre adulte Form annehmen. Bei der Rückkehr der larvalen Fische könnte die Orientierung an den Gerüchen und Geräuschen der Riffgemeinschaft eine Rolle spielen.

Die meisten Riffbewohner investieren viel Energie in die Reproduktion, um die Chancen für das Überleben im pelagischen Larvenstadium zu verbessern. Viele Riff-Fische laichen das ganze Jahr hindurch, manche sogar täglich. Einige Arten betreiben ausgiebig Brutpflege, damit ihre Nachkommen mit den besten Voraussetzungen an den Start gehen, wenn sie sich der Planktongemeinschaft anschließen. Wie nicht anders zu erwarten, werden in dieser Brutstätte der Biodiversität die unterschiedlichsten Techniken der Fortpflanzung erprobt. Korallen und andere sessile wirbellose Tiere neigen dazu, ein oder zwei Mal im Jahr *en masse* zu laichen; sie füllen das Wasser mit Eiern und Sperma, um hohe Fertilitätsraten zu erzielen. Das Sexualverhalten der Fische mutet noch seltsamer an. Äußere Befruchtung, innere Befruchtung, Eiablage, Laichübertragung und Maul- oder Beutelbrüten sind gang und gäbe. Die Arten bilden Paare oder laichen in Gruppen, es gibt Harems, Geschlechtsumwandlungen, sexuelle Mogelpackungen mit vorgetäuschter Identität und sexuellen Rollentausch.

Einige wenige Riff-Fische lassen das pelagische Larvenstadium völlig aus. Der kleine Brutpflege-Riffbarsch *(Acanthochromis polyacanthus)* hütet beispielsweise seine Eier und die Jungen bleiben bei den Eltern, bis sie etwa einen Zentimeter lang sind; dann bilden sie eigene Gruppen. Obwohl dieser Fisch in Südostasien ziemlich weit verbreitet ist, variiert sein äußeres Erscheinungsbild; das könnte bedeuten, dass die treibende Kraft hinter der Artbildung das fehlende Gleichmaß der Verbreitung ist. In Sulawesi waren die ausgewachsenen Exemplare beispielsweise dunkelbraun, wie ich feststellte; in anderen Regionen können sie silbrig oder braun gesprenkelt sein, mit braunem Kopf und Körper und weißer Schwanzflosse.

Größere Arten wie Haie und Rochen, Delfine und Seeschlangen gebären ihre Nachkommen lebend. Schildkröten nehmen die Mühsal auf sich, an Land zu kriechen, um ihre Eier in Sandgruben-Nestern abzulegen; sie haben aber auch eine pelagische Entwicklungsphase, da die Jungen ihre prägenden Jahre meistens in der offenen See verbringen, bevor sie zum Riff zurückkehren. Das pelagische Larvenstadium hat sich zweifellos vor langer Zeit im Zuge der Evolution durchgesetzt, denn es ist nicht nur ein allgegenwärtiges Element im Lebenszyklus vieler Arten, sondern auch ein wichtiger Faktor, der die Besiedlungsdichte adulter Populationen und die Struktur der Lebensgemeinschaft auf den Korallenriffen beeinflusst.

Die Fülle, Aktivität und Diversität des Lebens an einem Riff kann Verwirrung auslösen. Zu verstehen, wer wen frisst, ist eine nahe liegende Möglichkeit, Ordnung in das vermeintliche Chaos zu bringen. Wenn es um das Nahrungsnetz des Riffes geht, können Verallgemeinerungen nützlich sein, aber es gilt zu bedenken, dass in Regionen, in denen die Natur regiert, viele Regeln gebrochen werden. Die meisten Riffbewohner sind in hohem Maß auf eine bestimmte Technik der Nahrungsaufnahme spezialisiert: Falterfische haben kleine bürstenähnliche Zähne im Maul, mit denen sie wirbellose Tiere aus dem Riff klauben, und Meerbarben besitzen Barteln (fadenförmige Anhänge am Kinn, die als Tast- und Geschmacksorgan dienen), um in den vielschichtigen Ablagerungen zu graben. Diese Arten sind jedoch in der Lage, ihre Methoden der Nahrungsaufnahme jederzeit zu ändern, um andere, ergiebige Nahrungsquellen zu erschließen. Beide Merkmale sind von Vorteil: Die Spezialisierung fördert die effiziente Nutzung einer Nahrungsquelle, und die Flexibilität erspart Mühe durch den Zugriff auf die am besten zugängliche Nahrung. Dazu kommt, dass die meisten Riffbewohner ihre Ernährungsmethoden je nach Lebensstadium ändern. Im pelagischen Larvenstadium ernährt sich beispielsweise fast die gesamte Riffpopulation von Plankton. Trotz aller Ausnahmen ist es aufschlussreich, einige Regeln der Nahrungsaufnahme zu beschreiben.

Etwa die Hälfte der fotosynthetischen Aktivitäten schließt nicht die Zooxanthellen, die eine Symbiose mit Korallen eingehen, sondern frei lebende Algen am Riff ein. Das ist erstaunlich, denn Riffe sind kein Lebensraum, in dem üppige Tangwälder gedeihen. Es gibt viele Pflanzen am Riff, doch die meisten werden von herbivoren Fischen gefressen, kaum dass sie gewachsen sind. Würde man einen kleinen Käfig auf ein Riff stellen, um die Herbivoren fernzuhalten, entstünde bald ein dichter Pflanzenbewuchs. Aufschluss über das Ausmaß des Algenwachstums gibt die Anzahl herbivorer Fische: Auf Papageifische, Chirurgenfische, Goldene Riffbarsche, Seekatzen und andere entfallen 50 Prozent der gesamten Fischbiomasse der Flachriffe. Durch das »Grasen« tragen die herbivoren Fische zum Erhalt des Gleichgewichts zwischen Korallen und Algen am Riff bei.

Algen sind nicht besonders nährstoffreich oder leicht verdaulich, aber die pflanzenfressenden Riff-Fische haben Anpassungen in Physiologie und Verhalten entwickelt, um sie optimal nutzen zu können. Einige Arten haben Bakterien in ihrem Darm, wie Kühe, um einen höheren Nährwert aus ihrer Kost zu gewinnen. Da Riffe nur begrenzten Raum für das Wachstum von Algen bieten, ist die Konkurrenz bei einer so großen Anzahl von Herbivoren mörderisch. Viele fleischfressende Riffbewohner, wie der Goldene Riffbarsch und der Chirurgenfisch, verteidigen ihr Revier aggressiv; sie haben ihre eigenen Parzellen »abgesteckt« und stutzen die Korallen durch Knabbern und Hacken, sodass sie sieben Mal schneller als außerhalb ihrer »Gärten« wachsen. Arten, die weder groß noch aggressiv genug sind, ein eigenes Revier zu erobern oder zu verteidigen, haben eine wirksame Strategie entwickelt, sich Zugang zu dieser Nahrungsquelle zu verschaffen. Sie bilden Schwärme, überfallen die Gärten, überwältigen den Revierbesitzer durch ihre schiere Anzahl und nutzen die allgemeine Verwirrung, um ihre Gärten zu plündern.

Gartenpflege- und Überfallstrategie haben sich bei vielen Herbivoren entwickelt. Die Ausgewogenheit zwischen diesen beiden Strategien gestattet verschiedenen Arten, sich aus denselben Nahrungsquellen zu bedienen, wodurch die Vielfalt innerhalb der Lebensgemeinschaft gefördert wird.

Plankton stellt eine weitere wichtige Nahrungsquelle für Riff-Fische und wirbellose Tiere dar. Durch die Aufnahme von Plankton aus dem offenen Meer konzentriert die Gemeinschaft die Produktion dieser Nahrung, die vorher frei schwimmend auf eine weite Fläche verteilt war, auf das Riff. Die Populationsdichte der Planktonfresser ist besonders groß an den Riffwänden, die den vorherrschenden Strömungen ausgesetzt sind. Wirbellose Tiere ernähren sich oft von kleinerem Plankton als Riff-Fische, die knuspriges Zooplankton (tierisches Plankton) wie die Copepoden (Ruderfußkrebse) bevorzugen. Schwämme bevorzugen das winzige, aber reichlich vorhandene Bakterioplankton (bakterielles Plankton) und kleinere Phytoplankton-Arten (pflanzliches Plankton). Sie gewinnen ihre Nahrung durch Filtrieren großer Wassermengen. Ein Schwamm filtriert alle fünf bis 20 Sekunden ein Wasservolumen, das etwa seinem eigenen Körpervolumen entspricht. Weichkorallen ernähren sich von verschiedenen Planktonarten und aufgelösten organischen Substanzen. Viele Weichkorallen-Arten und einige Schwämme enthalten ebenfalls fotosynthetische, symbiotische Algen, die – sofern vorhanden – ihre Hauptnahrungsquelle bilden. Zu fast allen Gruppen wirbelloser Tiere gehören Arten, die sich von Plankton ernähren.

Viele Riff-Fisch-Familien enthalten ebenfalls Planktivoren und obwohl sie nicht miteinander verwandt sind, haben diese Fische einige Anpassungen gemein. Sie sind ein Beispiel für die konvergente Evolution, bei der nicht verwandte Arten unabhängig voneinander ähnliche Problemlösungen entwickeln. Die besten Planktonvorkommen befinden sich ein Stück vom Riff entfernt, doch die Nahrungsaufnahme in der offenen See ist riskant und erhöht die Gefahr, zur Beute zu werden. Um sich zu schützen, fressen planktivore Fische in Gruppen und sind auf Geschwindigkeit »geeicht«. Ein Zeichen dafür sind der stromlinienförmige Körperbau und die tief eingekerbte Schwanzflosse. Planktivoren aus verschiedenen Familien (*Caesio*-Füsiliere, *Anthias*-Fahnenbarsche, *Chromis*-Riffbarsche, *Clepticus*-Kreolen-Lippfische) haben in ihrer Form oft mehr Ähnlichkeit miteinander als mit Angehörigen ihrer eigenen Familie. Größere planktivore Fische wie die Füsiliere werden seltener zur Beute und können ihre Nahrung in weiterer Entfernung vom Riff beziehen, sodass sie beim Plankton die erste Wahl haben.

Der wahrscheinlich wichtigste Energiepfad der Nahrungskette führt allerdings über die Fäkalien. Wenn das Nahrungsangebot groß ist, sind die Planktivoren ununterbrochen damit beschäftigt, zu fressen. Und je mehr sie zu sich nehmen, desto größer die Kotmenge, die sie absetzen. Zum Teil wird die Nahrung dabei so schnell verschlungen, dass sie kaum verdaut ist und der Großteil der Nährstoffe an die Fische weitergegeben wird, die auf dem Riff unter ihnen grasen. Dort, wo eine dichte Population von Planktivoren siedelt, ist das Riff mit bananenförmigen Fäkalien übersät.

Die übrigen Riffbewohner fressen sich gegenseitig oder ernähren sich von den sessilen und sich frei bewegenden wirbellosen Tieren (sowohl auf dem Riff als auch in den umgebenden Sandregionen). Die Vielfalt der Strategien, die es der Gemeinschaft gestatten, sich Energie nutzbar zu machen, ist ein weiterer Grund für den Reichtum des Lebens auf Korallenriffen.

Schön, faszinierend, produktiv, artenreich, wichtig – mit diesen Adjektiven lassen sich Korallenriffe beschreiben. Ein weiteres muss jedoch hinzugefügt werden: gefährdet. Man kann nicht über Korallenriffe schreiben, ohne darauf aufmerksam zu machen, dass sie massiv vom Aussterben bedroht sind. Die Fakten sprechen für sich: 20 Prozent der weltweiten Riffe wurden während des letzten Jahrhunderts nachhaltig zerstört, vornehmlich in den letzten 30 Jahren. Weiteren 50 Prozent steht der Zusammenbruch bevor (Quelle: *Status of Coral Reefs of the World*; Wilkinson, 2004).

Wie bereits erwähnt, werden Korallenriffe langfristig überleben und trotz aller Widrigkeiten der Natur mit an Sicherheit grenzender Wahrscheinlichkeit auch weiterhin wachsen und gedeihen. Krankheiten, Wirbelstürme, Vulkanausbrüche, Massenansturm von Korallenräubern usw. können kurzfristig verheerende Wirkung haben, sind aber in der Regel lokal begrenzte und unregelmäßig auftretende Katastrophen. Die Folgen menschlicher Eingriffe in diesen Lebensraum stehen auf einem ganz anderen Blatt, weil sie oft kumulative Wirkung haben und die Riffgemeinschaft rapiden Umweltveränderungen unterwerfen, die weit verbreitet sind und lange andauern. Korallenriffe haben im Zuge der Evolution die Fähigkeit erworben, sich auf Naturkatastrophen einzustellen. Das Ausmaß ihrer Anpassungen an die Störfaktoren unserer Spezies ist jedoch alles andere als ermutigend.

Die Küstenbebauung bringt zahlreiche Bedrohungen für die Riffe mit sich. Zu den Problemen gehören unmittelbarer physischer Schaden durch Ausbaggern der Riffumgebung, um Baumaterial zu gewinnen. Die indirekten Auswirkungen sind oft noch schlimmer. Durch Abholzen der Wälder werden die Böden abgetragen, das Riff wird zugeschüttet und das Wasser trüb, sodass Fotosymbiose und Riffbildung zurückgehen. Durch Kloakenwasser und das oberflächlich abfließende Wasser von landwirtschaftlichen Nutzflächen gelangen Nährstoffe in den kargen Lebensraum, die ihn von einer marinen »Wüste« mit idealen Lebensbedingungen für Korallen in ein nährstoffreiches System verwandeln, das sich für Meerespflanzen eignet.

Die wachsende Bevölkerungsdichte in den Küstengebieten erhöht außerdem den Druck, an Riffen zu fischen. Durch Überfischen der Riff-Herbivoren verlieren diese die Kontrolle über das Gleichgewicht zwischen Korallen und Meerespflanzen, was zu einem Rückgang der Korallendecke und geringerem Zuwachs oder einem Wachstumsstillstand der Riffe führt. Am schlimmsten wirken sich die destruktiven Fischfangmethoden aus, die immer noch weit verbreitet sind. Dynamitfischen ist deshalb so beliebt, weil man mit wenig Mühe reiche Beute macht, doch jede Explosion zerstört das Riff ein wenig mehr. Ein gesundes Riff braucht vielleicht 40 Jahre, um sich zu erholen und den Fischbestand wieder aufzufüllen. Haie sind ein besonders beklagenswertes Opfer dieser Denkweise, weil sie durch langsames Wachstum und lange Generationszeiten gekennzeichnet sind. Doch sie werden bevorzugt ins Visier genommen, weil die Nachfrage nach Haifischflossensuppe groß ist. Das Great Barrier Reef ist das vermutlich bestfunktionierende Ökosystem, doch selbst hier wurde die Haipopulation um 97 Prozent reduziert, verglichen mit Bereichen ohne Fischfang. In anderen Regionen ist die Bilanz noch trauriger.

Im Mai 1998, beim Fotografieren des marinen Lebens der Malediven, wurde ich Zeuge einer spektakulären und tragischen Veränderung des Riffs. Im Verlauf weniger Tage wurden alle riffbildenden Korallen weiß; das Riff sah aus, als hätte es gerade geschneit. Später erfuhr ich, dass es sich dabei um die berüchtigte Korallenbleiche handelte, die damals größte Katastrophe dieser Art, bei der bis zu 90 Prozent der Korallen auf 16 Prozent aller Riffe abstarben. Heute wissen wir, dass die Hauptursache der Massenbleiche die erhöhte Meerestemperatur ist: Eine Wassererwärmung von ein bis zwei Grad Celsius über die langfristige durchschnittliche Höchsttemperatur hinaus reicht als Auslöser. Hohe Temperaturen führen zum Verlust der Fotosymbiose; die Zooxanthellen brechen zusammen oder werden ausgestoßen, lassen das weiße Kalziumkarbonat-Skelett der Korallen erkennen, das durch das transparente Korallengewebe sichtbar wird. Gebleichte Korallen sterben nicht sofort, sondern verhungern binnen weniger Wochen, wenn sich die Bedingungen nicht ändern und sie die Zooxanthellen nicht zurückgewinnen.

Die Massenbleiche ist ein neues Phänomen. Vor 1979 gab es nur wenige Aufzeichnungen darüber, aber 1998 starben viele Korallen, die mehr als 1000 Jahre alt waren. Es besteht wenig Zweifel, dass die globale Erwärmung die Ursache für die erhöhte Mortalitätsrate ist. Von den letzten zwölf Jahren gehörten elf Jahre zu den wärmsten seit 1850, als die detaillierte Klimadokumentation begann. Bedauerlicherweise habe ich seit 1998 viele weitere gebleichte Riffe gesehen.

Im Febuar 2007 gab die IPCC (*Intergovernmental Panel on Climate Change*, auch Weltklimarat genannt) den vierten Lagebericht heraus, in dem es hieß, es sei »sehr wahrscheinlich, dass der Klimawandel durch menschliche Aktivitäten verursacht wird«. Die globale Erwärmung ist eine Folge einer erhöhten Konzentration von Treibhausgasen (vor allem Kohlendioxid) in der Atmosphäre. Der derzeitige Kohlendioxidgehalt in der Luft (>300 ppm) übersteigt bei Weitem die natürliche Skala der letzten 650 000 Jahre (180–300 ppm) vor der industriellen Revolution. Die IPCC kam zu dem Schluss, dass die Verbrennung fossiler Brennstoffe die Hauptursache darstellt. Sie sagte voraus, dass die globalen Durchschnittstemperaturen bis 2100 zwischen zwei Grad Celsius und 4,5 Grad Celsius steigen werden.

Die Reaktion komplexer natürlicher Systeme lässt sich nie genau vorhersagen, doch ein Temperaturanstieg um ein Grad Celsius würde laut Prognose 80 Prozent der weltweiten Riffe bleichen. Eine Erhöhung von 1,5 Grad Celsius könnte zu einem Verlust von 95 Prozent der riffbildenden Korallen des Great Barrier Reef führen. Positiver ist, dass sich 40 Prozent der Riffe,

die 1998 bei der Bleiche schwere Schäden davongetragen haben, auf dem Weg der Genesung befinden oder sich bereits vollständig erholt haben. Untersuchungen jüngeren Datums haben gezeigt, dass Korallen durchaus in der Lage sein könnten, sich dem Prozess der Massenbleiche anzupassen, indem sie ihre bevorzugte Zooxanthellen-Art gegen solche Spezies eintauschen, die gegen die Erwärmung gefeit sind.

Die erhöhte Kohlendioxid-Konzentration in der Atmosphäre kann außerdem zu einer Übersäuerung des Meeres führen, die Korallen daran hindern würde, ihre Skelette anzulegen. Eine Verdoppelung des Kohlendioxid-Ausstoßes würde die Kalkbildung der Korallen um fünf bis 50 Prozent reduzieren. Dadurch könnte das Gleichgewicht zwischen Riffbau und Rifferosion zugunsten Letzterer kippen. Wenn die Riffe abgetragen werden, wird das Kohlendioxid, das sie in ihren Skeletten eingelagert haben, freigesetzt und trägt zu einer weiteren Zunahme der globalen Erwärmung bei. Durch die globale Erwärmung nimmt auch die Stärke der Wirbelstürme zu, was wiederum die Mortalitätsrate der Riffe erhöht.

Die globale Erwärmung wird zur Folge haben, dass Korallenbleichen in Zukunft immer schwerere Schäden anrichten und gehäufter vorkommen; sie stellen die größte Bedrohung dar, weil davon Riffe in zahlreichen Regionen betroffen sein werden, möglicherweise sogar weltweit.

Eigentlich sollte dieses Zeitalter der Erforschung des Rifflebens gewidmet sein; Wissenschaftler entdecken immer weitere, artenreiche Riffe. Im September 2006 veröffentlichte eine Arbeitsgruppe der Umweltorganisation *Conservation International* eine Studie über die Riffe am Südzipfel von West-Papua, Vogelkopf-Halbinsel genannt; sie wiesen 52 neue Spezies und Tauchregionen mit der höchsten jemals dokumentierten Korallen- und Fischdiversität nach. Ich hatte das Glück, diese bemerkenswerte Region in Augenschein nehmen zu können, als ich dort im November 2006 Fotos für die Endphase dieses Buches machte. Und es werden immer neue große Riffe entdeckt, wie im Jahr 2005 das 100 Kilometer lange Riffsystem im Golf von Carpentaria in Australien. Leider werden die Riffe durch menschliche Aktivitäten wesentlich schneller zerstört.

Tropische Korallenriffe erscheinen uns wie eine Wunderwelt, weit weg von alltäglichen Sorgen und Belangen. Deshalb ist »ein Spaziergang auf dem Mond« hilfreich. Wenn man vom Mond auf die Erde herabblickt, sind nationale und politische Grenzen verschwunden, ist die Menschheit friedlich vereint und es fällt leichter, die wechselseitige Abhängigkeit aller Lebewesen auf unserem Planeten zu begreifen. Das Leben in den Riffen ist durch ein komplexes Beziehungsnetz gekennzeichnet und auf der globalen Ebene wird die symbiotische Beziehung zwischen Menschen und Riffen deutlich. Riffe formen und schützen unsere Küsten, versorgen uns mit Nahrung und Medizin und sind ein unermessliches Geschenk für jeden, der das Glück hat, sie mit eigenen Augen zu betrachten. Ein Blick vom Mond kann außerdem zum besseren Verständnis beitragen, wie menschliches Handeln nah und fern der Riffe dieses faszinierende Ökosystem gefährdet.

## Laichendes Braunband-Hamlet-Paar

Zwei Braunband-Hamlets (*Hypoplectrus puella*) klammern sich beim Laichen aneinander, um eine erfolgreiche Befruchtung ihrer Eier zu gewährleisten. Hamlets haben ungefähr die Größe einer menschlichen Hand; man findet sie nur in den Riffen des Westatlantiks.

Hamlets gehören zu den wenigen Wirbeltieren, die Hermaphroditen sind, das heißt männliche und weibliche Geschlechtsmerkmale vereinen. Viele Riff-Fische verändern im Lauf des Lebens ihr Geschlecht, doch Hamlets bleiben während ihres Erwachsenenlebens als Männchen und Weibchen aktiv. Wenn sie in der Dämmerung laichen, folgen sie der »wenig, aber oft«-Methode, wobei das Paar mehrmals die sexuellen Rollen wechselt, was man Eiertausch nennt, um zu gewährleisten, dass die Partner einen gleichermaßen wichtigen Beitrag leisten.

Obwohl sie seltsam anmutet, macht diese Strategie Sinn, da beide Partner Energie in die Eiproduktion einbringen. Sie ist so gut, dass ich mich oft wundere, warum das Hermaphroditentum bei den Riff-Wirbeltieren nicht stärker verbreitet ist.

George Town, Grand Cayman. Kaimaninseln, Karibisches Meer.
Nikon D2X + 105 mm, 1/15 bei F7,1

## Bunte Schwämme

Die großen Braunen Röhrenschwämme (*Agelas conifera*) und die Porenreihen-Seilschwämme (*Aplysina cauliformis*), die tief unten auf einer Riffwand siedeln, zeichnen sich durch außergewöhnliche Wuchsformen aus. Schwämme waren die ersten mehrzelligen Tiere und gedeihen noch heute auf Riffen. Bei den sessilen Lebewesen im Riff sind sie nach den Korallen vorherrschend.

Trotz ihres appetitlichen Aussehens sind sie eine unbekömmliche Mahlzeit, weil ihr Körper mit nadelartigen Fortsätzen und chemischen Toxinen angefüllt ist. Die Alkaloid-Chemikalien machen die Schwämme jedoch zu einer medizinischen Schatztruhe: Aus Schwämmen gewinnt man viele Wirkstoffe zu pharmazeutischen Zwecken, zum Beispiel für Antibiotika und Medikamente gegen Krebs.

Nordwand, Grand Cayman. Kaimaninseln, Karibisches Meer.
Nikon D2X + 10,5 mm, 1/80 bei F11

## ⌄ Korallengrenze

Lebensraum ist rar und heiß begehrt in Korallenriffen; hier haben eine Orgelkoralle (*Tubipora musica*) (rechts) und eine Koralle der Gattung *Acropora* eine überlappende Grenze gebildet.

Riffbildende Korallen erhalten fast alle Nährstoffe von ihren fotosynthetischen Zooxanthellen (einzelligen Algen); während sie wachsen, versuchen sie sich auszubreiten, um ihren Kontakt mit dem Sonnenlicht zu maximieren. Korallen sind Tiere, die Kolonien bilden, gegründet von einem einzelnen Polypen, der fortwährend wächst und sich vermehrt.

Die Tentakeln der meisten Korallenpolypen sind tagsüber eingezogen und öffnen sich nur in der Nacht, um Plankton zu fangen. Orgelkorallen halten ihre Tentakel auch tagsüber offen. Sie sind mit Zooxanthellen gefüllt und erweitern somit die fotosynthetische Oberfläche dieser Art beträchtlich.

Nuweiba, Golf von Akaba. Ägypten, Rotes Meer.
Nikon D2X + 105 mm, 1/80 bei F11

## Anemonenfisch über purpurfarbenen Tentakeln

Ein Anemonenfisch (*Amphiprion clarkii*) schwimmt zehn Zentimeter über den schützenden purpurfarbenen Tentakeln seiner Wirtsanemome. Anemonen kommen in allen Meeren vor, doch symbiotische Beziehungen mit Anemonenfischen haben sich nur in Korallenmeeren entwickelt. Symbiotische Beziehungen, von denen beide (artverschiedene) Partner profitieren, sind in Korallenriffen gang und gäbe. Die Riffstruktur existiert nur deshalb, weil Korallen eingelagerte Symbiosealgen in ihrem Gewebe haben, sogenannte Zooxanthellen, die sie mit Nährstoffen versorgen und somit den Riffbau beschleunigen. Auch Anemonen besitzen Zooxanthellen, die in ihren Nährstoffhaushalt einbezogen sind, sodass man auf diesem Foto zwei Beispiele für ein symbiotisches Zusammenleben sieht.

Lembeh-Straße, Sulawesi. Indonesien, Molukkensee.
Nikon D100 + 60 mm, 1/180 bei F22

## Riffhai

Der Karibische Riffhai (*Charcharhinus perezi*) nimmt den Platz an der Spitze der Riff-Nahrungskette ein; er ist ein hochgradig angepasster Jäger. Haie besitzen extrem scharfe Sinne, vor allem einen ausgeprägten Geruchssinn, Elektro-Sensoren und die Fähigkeit, Geräusche im Niedrigfrequenzbereich wahrzunehmen, zum Beispiel von zappelnden Fischen. Sie ernähren sich hauptsächlich von Riff-Fischen und Kraken. Sobald sich die Beute in Reichweite befindet, greifen sie blitzschnell mit einem Biss an, der nur 380 Millisekunden dauert.

Riffhaie werden in großer Anzahl gefangen, doch sie sind keine geeignete Spezies für den Fischfang, da sie sich zu langsam vermehren. Sie brauchen mehrere Jahre bis zur Geschlechtsreife, gebären nur vier bis sechs Junge gleichzeitig und die Tragezeit ist länger als beim Menschen.

Kleine Bahama-Bank. Bahamas, Westatlantik.
Nikon D2X + 17–35 mm, 1/60 bei F9

## Kalmar bei Nacht

Wie ein Besucher von einem anderen Stern lässt sich der Großflossen-Riffkalmar (*Sepioteuthis lessoniana*) nachts von der offenen See auf das Riff hinab. Kalmare sind Mollusken, wie Schnecken und zweischalige Muscheln, und enge Verwandte von Kraken und Gemeinen Tintenfischen. Riffkalmare haben einen Körper, der kompakter und weniger stromlinienförmig ist als bei anderen Kalmaren, und sie werden oft mit dem Gemeinen Tintenfisch verwechselt, daher der erste Teil des wissenschaftlichen Namens. Diese Kalmare halten sich an das Mantra »Man muss das Leben in vollen Zügen genießen, denn es währt kurz«. Ihr Appetit ist unersättlich: die Menge an kleinen Fischen,

Garnelen und Krebsen, die sie an einem Tag verzehren, beläuft sich auf die Hälfte ihres Körpergewichts. Die Kalmare werden ihrerseits von vielen größeren Fischen gefressen, zum Beispiel von Jackfischen, Zackenbarschen und Riffhaien. Ihre Fortpflanzungsstrategie stimmt mit ihrer generellen Lebensweise überein, da Kalmare kurz nach der Paarung sterben.

Kaimana-Region, südliche Vogelkopf-Halbinsel. West-Papua, Indonesien.
Nikon D2X + 60 mm, 1/250 bei F16

23

## Brutstätte des Lebens

Das Riff beherbergt eine fantastische Vielfalt an Lebewesen. Auf diesem Foto streift die Zitronenbarbe (*Paru-
peneus cyclostomus*) durch das Riff, auf der Jagd nach
kleinen Fischen, während der orangefarbene Juwelen-
Fahnenbarsch (*Pseudamthias squamipinis*) und gestreifte
indopazifische Feldwebelfische (*Abudefduf vaigiensis*) in
die Strömung schwimmen, um Plankton zu fressen. Im
Hintergrund hat sich ein Schwarm großer Kupferschnapper (*Lutjanus bohar*) zusammengeschlossen.
Und das ist nur die Welt, die sich auf den ersten Blick er-
schließt. Lässt man sich näher darauf ein, enthüllt sich
eine Fülle weiterer Facetten ...

Ras Mohammed, Sinai. Ägypten, Rotes Meer.
Nikon D2X + 12–24 mm, 1/80 bei F5,6

## Peitschengorgonien und Fischschwarm

Eine bunte Peitschengorgonie (*Ellisella sp.*) gedeiht in der
Tiefe an einem Riffhang; ein Fischschwarm gleitet über
sie hinweg. Nicht alle Korallen ernähren sich mithilfe
von Zooxanthellen: Die farbenprächtigen Gorgonien und
Weichkorallen fischen beispielsweise Plankton und Partikel aus dem offenen Meer. Oft siedeln diese langsamer
wachsenden Arten in größerer Tiefe an Riffhängen und
-wänden, wo der Konkurrenzkampf mit den riffbildenden
Korallen geringer ist und die Strömungen näher sind, die
fortwährend Nahrung liefern.
Doch auch hier bestätigen Ausnahmen die Regel. Viele
Weichkorallen- und Gorgonienarten enthalten ebenfalls
Zooxanthellen, die in ihren Nährstoffhaushalt eingebun-
den sind. Diese Spezies erkennt man leicht an ihrer mat-
teren grünlich-braunen Farbe.

Misool-Insel, Raja Ampat. Indonesien, Ceram-See.
Nikon D2X + 10,5 mm, 1/80 bei F8

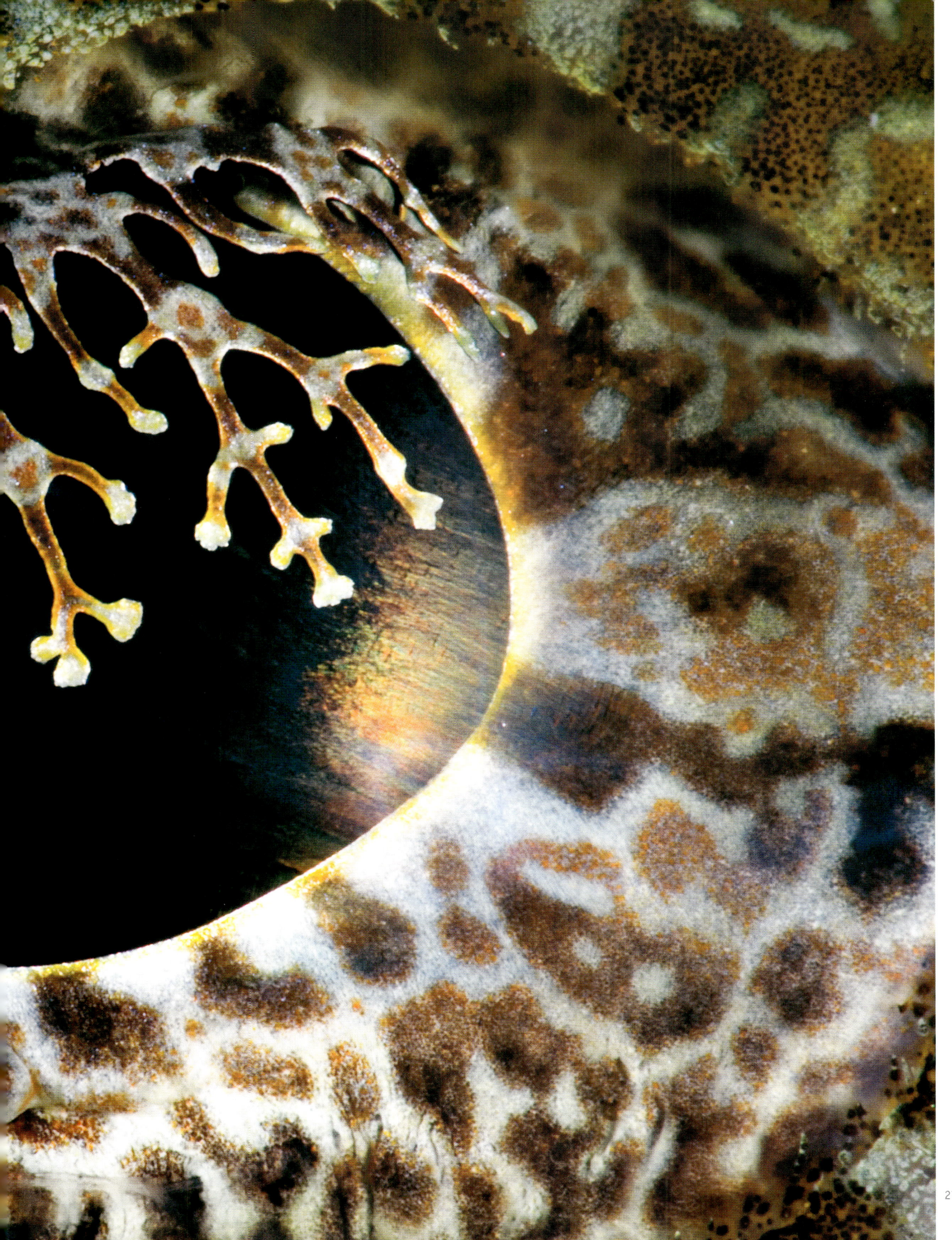

‹‹ Das Auge eines Krokodilfisches

Lange verzweigte Wimpern verschleiern das Auge des Braunkopf-Krokodilfisches (*Cymbacephalus beauforti*). Der Krokodilfisch ist in der Lage, diese filigranen Hautlappen zu erweitern und zusammenzuziehen, um sich zu tarnen. Viele Riffbewohner versuchen, ihre Augen zu verbergen, weil sie für Riffräuber und ihre eigenen Beutetiere zu leicht erkennbar sind. Manche Arten verstecken ihre Augen inmitten von Streifen, während andere, z.B. der Falterfisch, Schein-

Augenflecken auf der Rückseite des Körpers haben, um Angriffe abzuwenden.

Wenn man die Fotos in diesem Buch betrachtet, stellt man fest, dass die Augen das erste Merkmal sind, das bei den getarnten Fischen auffällt.

Mabul-Insel, Sabah. Malaysia, Sulawesi-Meer.
Nikon D2X + 150 mm, 1/250 bei F20

## ‹ Schnapper in Verteidigungsformation

Ein Schwarm Buckel-Schnapper (*Lutjanus gibbus*) rückt zu einem dichten Pulk zusammen, wenn er sich in exponierter Stellung an der Riff-Außenwand eines Atolls befindet. Schwarmbildung ist ein weit verbreitetes Verhalten von Fischen und die Hälfte aller Arten verbringt einen Teil ihres Lebens in einem solchen Verbund. Schwärme bieten Einzeltieren Schutz, weil mehr Tiere nach Gefahren Ausschau halten und Räubern der Zugriff auf ein einzelnes Mitglied der Gemeinschaft erschwert wird.

Während des Fotografierens änderte dieser Schwarm ständig seine Formation. Auf einem Foto hat er sogar die gleichen Konturen wie Frankreich!

Süd-Male-Atoll. Malediven, Nordindischer Ozean.
Nikon D2X + 17–35 mm, 1/100 bei F6,3

## › Seeschlange in Weichkorallenbett

Eine Gestreifte Seeschlange (*Lauticauda colubrina*) gleitet durch orangefarbene Weichkorallen, auf der Suche nach Fischen. Seeschlangen sind langsame Schwimmer; sie jagen, indem sie ihrer Beute, vor allem kleinen Muränen, in Spalten und Abgründen auflauern. Die meisten Seeschlangen-Arten gebären ihre Jungen lebend im offenen Meer, doch die gestreifte Seeschlange kehrt an Land zurück, um ihre Eier abzulegen.

Gestreifte Seeschlangen sind mit Kobras verwandt und haben ähnliche Reiß- und Giftzähne, obwohl das Gift der Seeschlange um das Vierfache stärker ist. Nicht zuletzt deshalb habe ich für dieses Foto die sichere Perspektive von oben gewählt.

Kaimana-Region, südliche Vogelkopf-Halbinsel.
West-Papua, Indonesien.
Nikon D2X + 17–55 mm, 1/160 bei F9

## Schwarzer Zackenbarsch in Eile

Ein flüchtiger Blick auf den meterlangen karibischen Schwarzen Zackenbarsch (*Mycteroperca bonaci*), der über das Riff rast. Es gibt weltweit 150 Zackenbarsch-Arten; der größte ist der mächtige, in Queensland beheimatete Riesenzackenbarsch (*Epinephelus lanceolatus*), der bis zu drei Meter lang und 400 Kilo schwer werden kann. Die Queensland-Zackenbarsche sind inzwischen selten, da sie auf vielen Riffen überfischt wurden, doch ich hatte die Gelegenheit, mit einigen einschüchternden ausgewachsenen Exemplaren in West-Papua zu tauchen, die vermutlich 20 Jahre älter waren als ich.

Für viele Menschen sind Zackenbarsche eine reiche Proteinquelle, die nur wenig gesättigte Fettsäuren enthält und gegrillt besonders köstlich schmeckt. Auf sie entfällt ein Anteil von etwa 40 Prozent an der gesamten US-Riff-Fischfang-Menge. Wie Taucher bestätigen können, besitzen Zackenbarsche ein ungemein einnehmendes Wesen. Deshalb überrascht es nicht, dass viele Kosenamen erhalten haben.

Kleine Bahama-Bank. Bahamas, Westatlantik.
Nikon D2X + 10,5 mm, 1/18 bei F16

## Goldener Zackenbarsch

Aus einer der vielen Barschfamilien stammend, ist dieser goldflächige Coney-Zackenbarsch (*Cephalopholis fulvus*) ein mittelgroßer (20–30 Zentimeter), aber kräftig gebauer Räuber, der sich von kleinen Fischen und Schalentieen an den westatlantischen Riffen ernährt. Coney-Zackenbarsche sind normalerweise rot mit vieler blauen Tupfen; sie haben große Ähnlichkeit mit dem Juwel-Zackenbarsch des Indopazifiks (*C. miniata*) und dem weniger bekannten Westafrikanischen Juwelenbarsch des Ostatlantiks (*C. taeniops*).

Coney- und Juwel-Zackenbarsche haben ihr festes Territorium und leben in einem Harem, in dem ein dominantes Männchen über mehrere Weibchen herrscht. Größere Zackenbarsche verzichten auf diese Lebensweise und kommen ein oder zwei Mal im Jahr zusammen, um abzulaichen. Sie machen sich allein auf den Weg und legen manchmal mehrere Hundert Kilometer zurück, um an dem Massenereignis teilzunehmen.

East End, Grand Cayman. Kaimaninseln, Karibisches Meer.
Nikon D2X + 105 mm, 1/160 bei F9

## Weihnachtsbaumwurm

Der Weihnachtsbaumwurm (*Spirobranchus giganteus*), auch Bunter Spiralröhrenwurm genannt, filtriert Plankton durch seine spiralförmig gewundenen Tentakelkronen. Weihnachtsbaumwürmer kommen in nahezu allen Farben vor; man findet sie auf Riffen im Atlantik und im Indopazifik, aber sie gehören alle zur selben Spezies.
Der Weihnachtsbaumwurm bohrt sich nicht in die Koralle hinein, sondern baut seine eigene Kalkröhre, im gleichen Tempo wie die Koralle wächst. Auch die Fortpflanzung von Wurm und Koralle findet oft zur gleichen Zeit in einer bestimmten Region statt, auf dem Great Barrier Reef beispielsweise gegen Ende Dezember, in der Karibik im Spätsommer.

West Bay, Grand Cayman. Kaimaninseln, Karibisches Meer.
Nikon D2X + 105 mm, 1/250 bei F32

## ⌃ Blumenkorallen-Polyp

Eine stark vergrößerte Aufnahme von einem Polypen der Margerittenkoralle (*Goniopora sp.*). Obwohl die meisten nachts geöffnet sind, bleiben die Polypen dieser Koralle tagsüber geöffnet.

Kaimana-Region, südliche Vogelkopf-Halbinsel.
West-Papua, Indonesien.
Nikon D2X + 105 mm, 1/250 bei F14

Der goldbraune Stiel der Hornkoralle (*Pseudoplexaura sp.*) zeigt, dass sie Zooxanthellen enthält, die ihren Nährstoffbedarf weitgehend decken. Diese fotosynthetischen Weichkorallen sind charakteristisch für die Korallenriffe im Atlantik.

Da diese Spezies einen Großteil ihrer Nahrung von symbiotischen Algen bezieht, habe ich mich immer über ihre schlanke Körperstruktur gewundert, die hinter Mundöffnungen verborgen ist und besser für den Planktonfang geeignet scheint. Doch Weichkorallen sind keine gefräßigen Räuber und im Durchschnitt begnügt sich jeder Polyp dieser Art alle vier oder fünf Tage mit einem einzigen Plankton als Mahlzeit. Mit diesem genügsamen, aber räuberischen Fressverhalten verschaffen sie sich wichtige Nährstoffe, die sie nicht von ihren Symbiosealgen erhalten können.

Nordwand, Grand Cayman. Kaimaninseln, Karibisches Meer.
Nikon D2X + 28–70 mm, 1/30 bei F9

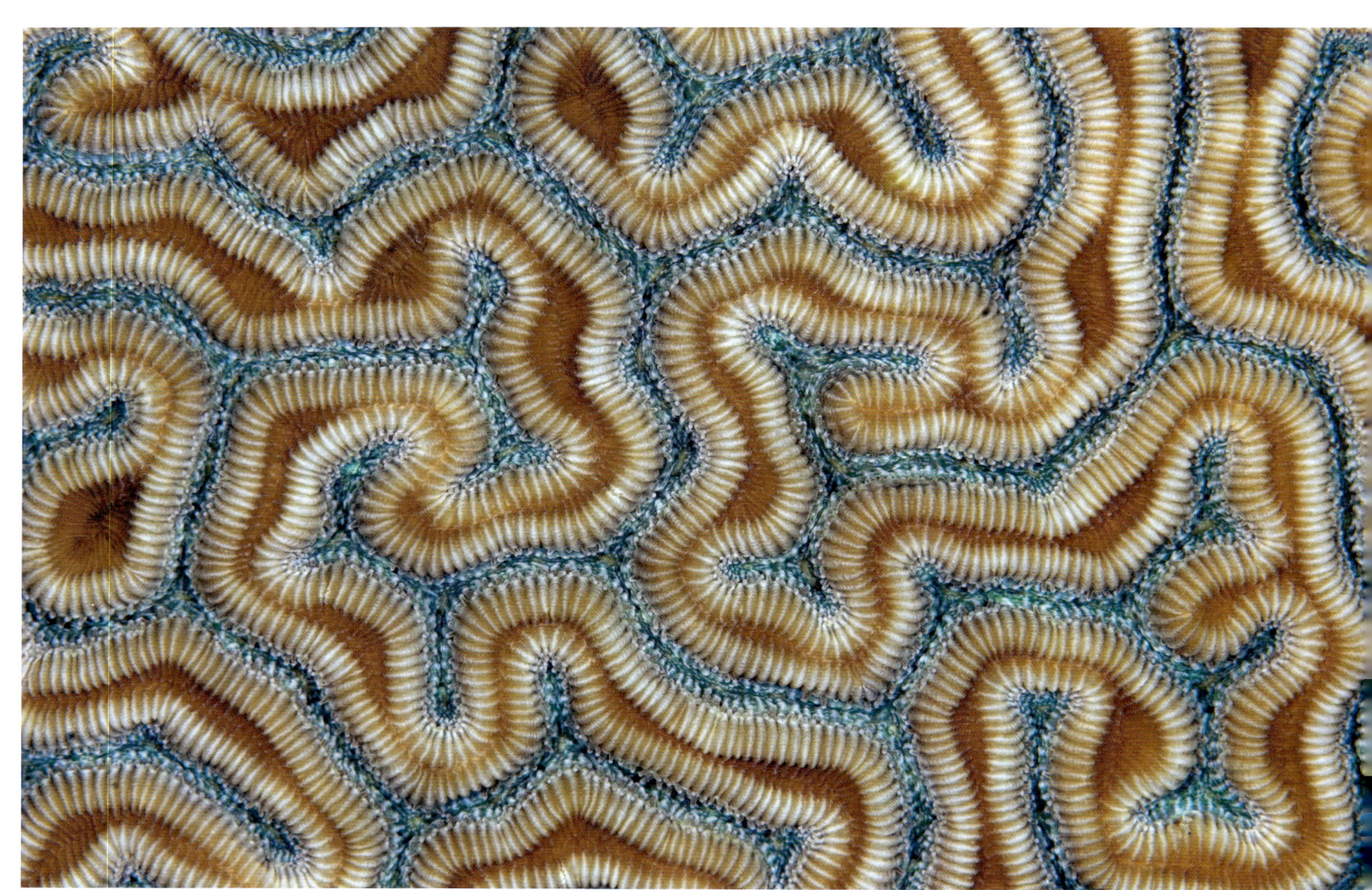

## ∧ Furchen-Hirnkoralle

Diese Furchen-Hirnkoralle (*Diploria labyrinthiformis*) ist eine von vielen Arten, die den gleichen Namen tragen. Furchen-Hirnkorallen werden von Polypen gebildet, die sich teilen und Wände an den Seiten, aber nicht zwischen den Mundöffnungen in jeder Reihe errichten.

East-End-Wand, Grand Cayman. Kaimaninseln,
Karibisches Meer.
Nikon D2X + 150 mm, 1/250 bei F18

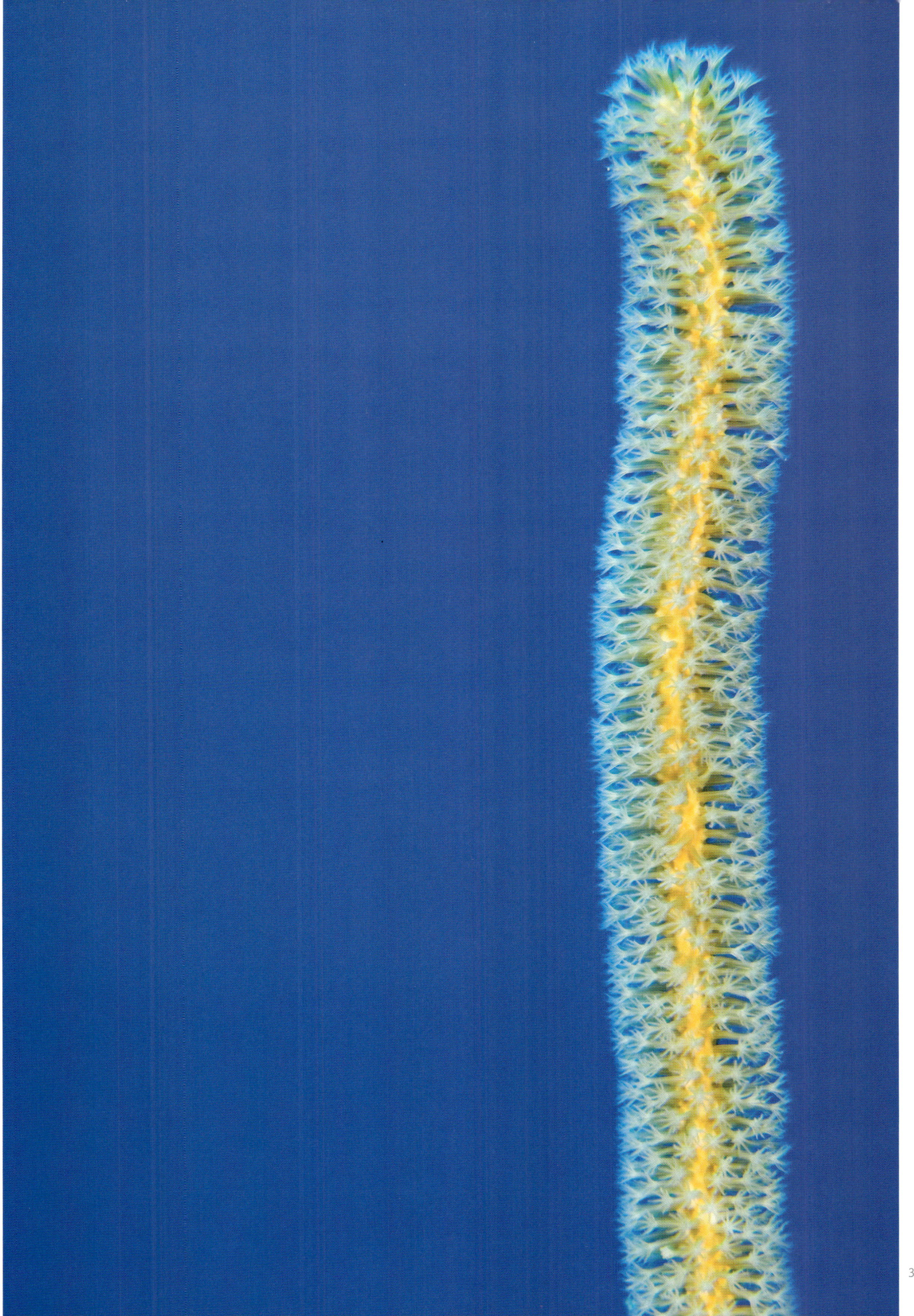

# Harlekin-Geisterpfeifenfische

Ein Schwarm farbenprächtiger Harlekin-Geisterpfeifenfische (*Solenostomus paradoxus*) defiliert unter einem Busch der Schwarzen Edelkoralle (*Antipathes sp.*) vorbei. Die außergewöhnliche Camouflage-Technik dieser acht Zentimeter kleinen, sich langsam bewegenden Fische schützt sie vor Räubern und gestattet ihnen, ihrerseits Jagd auf kleine Schalentiere zu machen.

Im Gegensatz zu ihren Verwandten, den Seepferdchen und Seenadeln, kümmert sich das Weibchen um die Jungen und trägt die silbrigen Eier in den zu einem Beutel geformten Bauchflossen mit sich. Auf diesem Foto sind vier Weibchen und ein Männchen (das zweite Tier von oben, das rundum zufrieden mit seinem Leben aussieht, wie ich finde) abgebildet.

Pisang-Inseln, West-Papua. Indonesien, Ceram-See.
Nikon D2X + 10,5 mm + 1,5x TC, 1/15 bei F10

## ∨ Taucher erkunden das Riff

Ein Taucher erkundet ein Flachwasserriff im Roten Meer. Dieser Bereich des Riffdachs wird von kalkhaltigen Algen und vereinzelten Korallenkolonien dominiert. Herbivore Fische wie der Papageifisch und der Chirurgenfisch sind hier in großer Anzahl vertreten.

Straße von Tiran, Golf von Akaba. Ägypten, Rotes Meer.
Nikon D2X + 10,5 mm, 1/125 bei F8

# Baskenmützen-Zackenbarsch

Ein Baskenmützen-Zackenbarsch (*Epinephelus fasciatus cruentatus*) ruht auf einem purpurfarbenen Schwamm. Er kann blitzschnell seine Farbe ändern: Aus der rosigen Grundfarbe und der rötlich braunen Mütze wird ein tiefroter Fisch mit Ganzkörper-Streifen.

Der Baskenmützen-Zackenbarsch gehört zu den wenigen Riff-Fisch-Arten, von denen es Unterarten gibt: Den Baskenmützenbarsch (*E. fasciatus*) aus dem Indischen Ozean und dem Roten Meer und die hier abgebildete Spezies, die in Südostasien und im Westpazifik beheimatet ist. Ich habe sie in beiden Regionen gesehen, aber die Zuordnung zu den Unterarten überzeugt mich nicht.

Mabul-Insel, Sabah. Malaysia, Sulawesi-Meer.
Nikon D2X + 105 mm, 1/250 bei F11

# KORALLENLAICHEN

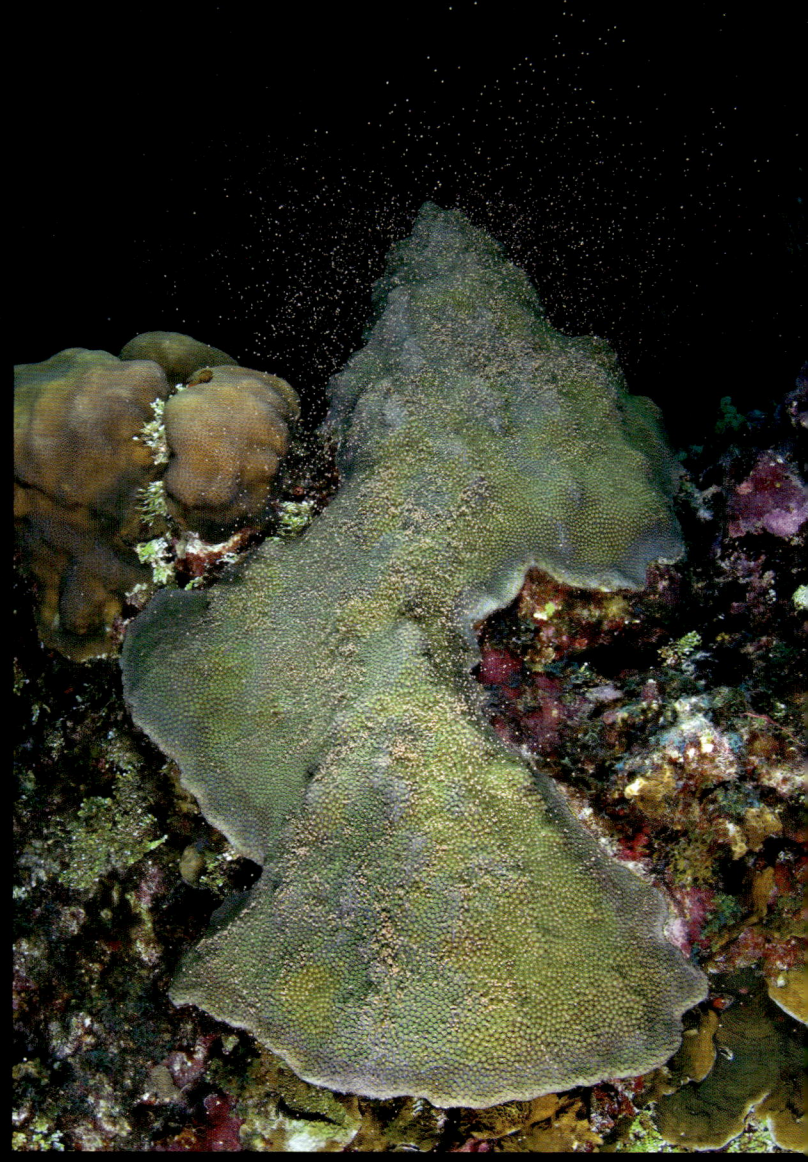

## ⌃ Ablaichen der Großen Sternkoralle

Eine Große Sternkoralle (*Montastrea cavernosa*) »raucht«, während sie Sperma beim jährlichen Ablaichen freisetzt. Das Massenablaichen gehört zu den spektakulärsten Ereignissen im Meer: Das ist der Moment, in dem Korallen, die den größten Teil des Jahres damit verbringen, Felsgestein zu »verkörpern«, sich mit einem Schlag in Lebewesen verwandeln, die vor Energie strotzen. Die meisten Arten laichen nur ein Mal im Jahr für wenige Minuten; deshalb war es eine Herausforderung, die Kamera zur richtigen Zeit am richtigen Ort zu platzieren.

Korallen sind überwiegend Hermaphroditen, doch die Große Sternkoralle bildet getrenntgeschlechtliche Kolonien, in denen Männchen und Weibchen auf jedem Riff gleich stark vertreten sind (1:1), um den Erfolg der Fortpflanzung zu fördern.

East End, Grand Cayman. Kaimaninseln, Karibisches Meer.
Nikon D2X + 16 mm, 1/250 bei F14

## ⌃ Ablaichen der Bergsternkoralle

Eine Bergsternkoralle (*Montastrea faveolata*) setzt nachts Ei-Sperma-Bündel frei. Die meisten Korallen sind Hermaphroditen und laichen in Bündeln ab, die Eier und Sperma desselben Tieres enthalten. Die Bündel brechen auseinander, wenn sie die Oberfläche erreichen, wo sich die beweglichen Spermien Eier aus anderen Kolonien zum Befruchten suchen, da sie mit den Eiern aus der eigenen Kolonie inkompatibel sind. Das befruchtete Ei entwickelt sich zu einer frei schwimmenden Planula-Larve, die sich für einige Tage dem Plankton hinzugesellt, bis sie sich auf das Riff hinablässt und auf einem verfügbaren Substrat siedelt.

East End, Grand Cayman. Kaimaninseln, Karibisches Meer.
Nikon D2X + 16 mm, 1/250 bei F11

## Ablaichen der Blocksternkoralle

Die Blocksternkoralle (*Montastrea annularis*) stößt Ei-Sperma-Bündel aus. Hier befinden sich noch viele Bündel in den Polypen. Der genaue Zeitpunkt des Ablaichens wird von Zyklen bestimmt – Temperatur im Jahresverlauf, Mondphasen und Tageslicht.

2003 konnte man aufgrund meiner diesbezüglichen Berechnungen zum ersten Mal das Massenablaichen vor den Kaimaninseln beobachten, und seither trafen die Vorhersagen jedes Jahr fast auf die Minute genau ein. Noch ist ungeklärt, wie Korallen diese Signale in ihrer Umwelt spüren und darauf reagieren, aber wie auch immer, die Ergebnisse sind atemberaubend. Das eindrucksvollste Ablaichen findet auf dem Great Barrier Reef statt, wo bis zu 130 Arten im Verlauf weniger Nächte »an den Start gehen«. Doch das koordinierte Massenablaichen ist nicht überall gang und gäbe; bei nächtlichen Tauchgängen in Südostafrika habe ich mehrere Korallenarten gesehen, die vereinzelt ablaichten.

East End, Grand Cayman. Kaimaninseln, Karibisches Meer.
Nikon D2X + 16 mm, 1/250 bei F14

# Vibrierende Riffwand

Auf dieser Riffwand herrscht rege Geschäftigkeit, denn hier hausen dicht an dicht Steinkorallen (Hartkorallen), Weichkorallen (*Dendronephthya sp.*) und der Juwelen-Fahnenbarsch (*Pseudanthias squamipinnis*). Das Areal gleicht einer riesigen »Wohngemeinschaft«. Doch bevor sich die jungen Korallenlarven niederlassen und zu einer adulten Kolonie heranwachsen können, müssen sie einen Weg finden, den hungrigen Räubern zu entkommen, die nur darauf warten, sich die wehrlose Beute einzuverleiben.

Alle Arten auf diesem Foto, mit Ausnahme des Tauchers, haben ihr Leben in der Planktongemeinschaft begonnen, bevor sie sich als ausgewachsene Tiere auf dem Riff niederlassen konnten. Das larvale Planktonstadium ist einer der Gründe für die weitläufige Verbreitung vieler Riffspezies.

Straße von Tiran, Golf von Akaba. Ägypten, Rotes Meer.
Nikon D2X + 10,5 mm, 1/180 bei F9 (m)

## ⌃ Blauringkrake

Dieser Blauringkrake (*Hapalochlaena lunulata*) ist nicht größer als ein Daumen, aber sehr gefährlich. Der Biss der meisten Kraken ist giftig, doch im Allgemeinen kein »schweres Geschütz«. Dieser harmlos aussehende Geselle gehört jedoch zu den giftigsten Meeresbewohnern – mit dem Biss injiziert er ein Neurotoxin, das sein Opfer lähmt. Er ist mit mindestens drei verschiedenen Arten von Giftstoffen bewaffnet, im Speichel, in den Tentakeln, im Gedärm, in den Eiern und im Tintensack. Diese Giftstoffe werden von symbiotischen Bakterien erzeugt. Die blauen Ringe dienen als Signal, dass nicht mit ihm zu spaßen ist.

Kapalai-Insel, Sabah. Malaysia, Sulawesi-Meer.
Nikon D2X + 60 mm, 1/250 bei F18

## ⌃ Nacktschnecke auf Gold-Seescheide

Eine Nacktschnecke (*Phidiana indica*) überquert eine Gold-Seescheide (*Polycarpa aurata*). Die stacheligen Cerata (Mantelauswüchse) auf ihrem Rücken und die kräftigen Farben locken Räuber an. Nacktschnecken besitzen die Fähigkeit, sich die Nematocysten (stachelige »Harpunen«) ihrer Beute – Hydroide, Anemonen und Korallen – anzueignen und zur eigenen Verteidigung zu nutzen. Einige dieser Nematocysten werden nicht entladen, während die Nacktschnecke frisst; sie gelangen in Fortsätze des Darms, die sich bis in die Cerata erstrecken, wo sie sich in den weißen Spitzen konzentrieren.

Gold-Seescheiden sind weitverbreitete Mitglieder der Korallengemeinschaft und besonders charakteristisch für die Riffe des Westpazifischen Ozeans. Beide Arten auf diesem Foto sind Hermaphroditen, die sowohl männliche als auch weibliche Geschlechtsmerkmale aufweisen.

Misool-Insel, Raja Ampat. Indonesien, Ceram-See.
Nikon D2X + 105 mm, 1/250 bei F 25

## ∧ Kampf der Giganten

Diese beiden Riesenmuränen (*Gymnothorax javanicus*) (1,5 Meter) bilden eine Herzform, während sie auf dem Riff miteinander kämpfen. Auseinandersetzungen dieser Art sind gang und gäbe und normalerweise eine Folge von Streitigkeiten bei der Inbesitznahme eines Reviers oder Weibchens. Die meisten werden gewaltlos beigelegt, mit ritualisierten Verhaltensweisen und Droh- oder Imponiergehabe, sodass weder Verletzungen riskiert werden noch kostbare Energie verschwendet wird.

Der erste Eindruck von einem Korallenriff ist verwirrend: ein kunterbuntes Durcheinander an Lebewesen, auf engstem Raum zusammengedrängt. Doch viele Arten haben ihre Territorien und heimatlichen Gefilde genau abgesteckt.

Ras Mohammed, Sinai. Ägypten, Rotes Meer.
Nikon D100 + 17–35 mm, 1/90 bei F8

## << Eidechsenfisch-Gesicht

Das breite Maul und das reptilartige Grinsen des Eidechsenfisches (*Synodus variegatis*) ist Furcht einflößend. Dieser Räuber, der bevorzugt aus dem Hinterhalt angreift, wird bis zu 28 Zentimeter lang. Die kegelförmigen messerscharfen Zähne sind nach innen geneigt und optimal angepasst, um zappelnde Fische festzuhalten.

Tulamben-Region, Bali. Indonesien, Sulawesi-Meer.
Nikon D2X + 150 mm, 1/250 bei F13

## ⌃ Korallengarten

Die Vielfalt eines Korallengartens ist enorm. Flachriffe werden Gärten genannt, weil die Korallenstöcke Pflanzen ähneln. Genau wie Pflanzen nehmen auch die riffbildenden Korallen diese Wachstumsformen an, um Licht einzufangen, das sie für die Fotosynthese ihrer Nahrung brauchen. Die meisten Korallen fühlen sich weder wie Blätter noch wie Blüten an, sondern sind hart und starr wie ein Fels. Riffbildende Korallen stellen eine faszinierende Mischung aus Tieren, Pflanzen und Mineralien dar.

Menjangan-Insel, Bali. Indonesien, Java-See.
Nikon D2X + 16 mm, 1/50 bei F6

## Eine Pilzkoralle kämpft
## um Siedlungsraum

Siedlungsraum ist auf dem Riff Mangelware und Korallen und andere sessile Lebewesen kämpfen ständig um einen Platz in Spitzenlage. Korallen, die sich rasch verzweigen, können andere Arten überwuchern und überschatten. Verkrustete Korallen setzen sich mitunter rücksichtslos über ihre Nachbarn hinweg. Manche Korallen ziehen sogar mit lebensbedrohlicher Ausrüstung ins Gefecht. Einige Arten schleudern Nesselfäden durch das Schlundrohr, mit denen sie ihre Rivalen fangen und verschlingen. Andere haben Tentakeln, die wie eine Kehrmaschine wirken, um ein Vielfaches länger als üblich und mit Stacheln gespickt. Weichkorallen benutzen chemische Waffen und setzen toxische Substanzen in das umgebende Wasser frei.

Hier hat eine Pilzkoralle (*Fungia sp.*), ein großer einzelner Polyp von der Größe eines Tellers, einen Streifen Niemandsland zwischen seinem Standort und einem großen Bett aus Pumpkorallen (*Xenia sp.*) erkämpft.

Nusa Penida, Straße von Lombok. Indonesien, Indischer Ozean.
Nikon D2X + 16 mm, 1/100 bei F7,1

Die Steinkoralle (*Acropora sp.*) bedeckt bis zu 80 Prozent der Flachriffe im Indopazifik und dominierte auch die Karibik, bis Anfang der 1980er-Jahre ein Massensterben infolge der Weißbandkrankheit begann; ihr fielen 98 Prozent des gesamten Bestandes zum Opfer. Zum Glück sind sie in einigen Regionen wieder auf dem Vormarsch und sowohl die Elchgeweihkoralle (*A. palmata*) als auch die Geweihkoralle *A. cervicornis* verbreitet sich dort.

*Acroporen* sind die artenreichste Gattung der Steinkorallen und kommen in vielen Formen vor; sie werden auch »proteische« Korallen genannt, nach dem griechischen Meergott Proteus, der für seine Fähigkeit bekannt war, die Gestalt zu wechseln. Ihre Dominanz ist auf die rasante Wachstumsrate zurückzuführen – 15 bis 20 Zentimeter im Jahr –, die sie mit dem Bau von Skeletten in einer filigranen, aber robusten Honigwaben-Struktur erzielt.

Sipadan-Insel, Sabah. Malaysia, Sulawesi-Meer.
Nikon D2X + 16 mm, 1/80 bei F3,5

## ∧ Dreipunkt-Preußenfisch über schützender Koralle

Ein Dreipunkt-Preußenfisch (*Dascyllus trimaculatus*) verweilt über den schützenden Ästen einer *Acropora*-Koralle, die ihm eine sichere Rückzugsmöglichkeit bietet. Die Verästelung bietet der Koralle einen besseren Zugriff auf Siedlungsraum und ihren Polypen größere Nähe zu den Wasserströmungen. Die Äste bilden außerdem ein Mikro-Habitat; oft sieht man Dreipunkt-Preußenfische und Mittelmeer-Fahnenbarsche über den *Acroporen* und zwischen den Ästen haben sich Garnelen, Krabben und Grundeln niedergelassen. Der Dreifleck-Georg (*Stegastes planifrons*) legt Algengärten auf den abgestorbenen unteren Ästen an und verteidigt sein Revier aggressiv. Er kann sogar einen Taucher in den Finger zwicken.

Scharm El-Scheich, Golf von Akaba. Ägypten, Rotes Meer.
Nikon D2X + 105 mm, 1/100 bei F11

### ‹ Peitschenkorallen-Zwerggrundeln

Eine rote Peitschenkorallen-Zwerggrundel (*Bryaninops sp.*) auf einer Peitschengorgonie (*Ellisella sp.*). Zu ihrem bevorzugten Lebensraum gehören neben den *Elisella*-Korallen auch einige Arten der Schwarzen Koralle *Cirrhipates*. Die Bauchflossen der Grundeln sind zusammengewachsen und liegen brustständig unter den Brustflossen. Bei Peitschenkorallen-Zwerggrundeln bilden sie eine trichterförmige Saugscheibe am Bauch, mit der sie sich in gefährlicher Schräglage an harte Oberflächen anheften können, selbst bei starker Strömung. (Grundeln sind kommensal, das heißt, sie bilden Lebensgemeinschaften, in denen nur einer der Partner einen Vorteil hat.)

Menjangan-Insel, Bali. Indonesien, Java-See.
Nikon D2X + 105 mm, 1/20 bei F13

### ‹ Schwamm-Zwerggrundel

Eine Schwamm-Zwerggrundel (*Pleurosica elongata*) auf einem tropischen Elefantenohrschwamm (*Ianthella basta*). Diese Schwamm-Zwerggrundel ist etwa vier Zentimeter lang; die kleinsten Grundeln messen weniger als einen Zentimeter. Eine Schwamm-Zwerggrundelart, die Korallengrundel (*Eviota sigillata*), hält den Rekord als kurzlebigstes wirbelloses Tier: Sie hat eine Lebenszeit von weniger als 60 Tagen, das dreiwöchige Larvenstadium eingeschlossen, das sie im offenen Meer treibend verbringt. Der Elefantenohrschwamm besitzt viele Substanzen, die für pharmazeutische Zwecke genutzt werden.

Mabul-Insel, Sabah. Malaysia, Sulawesi-Meer.
Nikon D2X + 105 mm, 1/250 bei F25

## Grundel auf Schwamm

Die Mosambik-Zwerggrundel (*Pleurosicya mossambica*) (zwei Zentimeter), die häufiger den Wirt wechselt, hat sich auf einem orangefarbenen Schwamm niedergelassen. Grundeln fehlt die Schwimmblase, der Auftriebsmechanismus der meisten Fische, und deshalb leben sie auf dem Meeresgrund. Viele Arten siedeln fest auf bestimmten Korallen oder Schwämmen, während andere aber lockere Beziehungen pflegen. Der orangefarbene

Schwamm, den sich diese Grundel ausgesucht hat, beherbergt außerdem den seltenen Spionid-Wurm (*Polydorella smurovi*): Er bildet Kolonien und hat lange weiße Fühler.

Nuweiba, Golf von Akaba. Ägypten, Rotes Meer.
Nikon D2X + 105 mm, 1/40 bei F18

< Ein Taucher erforscht eine
Korallenhöhle

Höhlen und Grotten sind weit verbreitet und bieten den
zahlreichen spezialisierten oder Höhlen bevorzugenden
Arten, aus denen sich die Gemeinschaft des Riff-Ökosystems zusammensetzt, einen vielfältigen Lebensraum.
Grotten entstehen durch verschiedene Entwicklungspro-
zesse, angefangen von der Überwucherung der Riffstrukturen durch Sporen und Tangwälder bis hin zur Erosion
älterer Riff-Plattformen in Zeiten mit niedrigem Wasser-
stand.
Von einem hellen Riff in eine dunkle Höhle zu schwimmen
ist ein aufregendes Gefühl und ein Abenteuer für jeden
Taucher.

East End, Grand Cayman. Kaimaninseln, Karibisches Meer.
Nikon D2X + 10,5 mm, 1/20 bei F5,6

## Üppige Korallen
## unter einem Überhang

Die orangefarbene Weichkoralle (*Scleronephthya sp.*) und die Kelchkoralle (*Tubastraea sp.*) gedeihen prächtig unter einem Überhang. Diesen Korallen fehlen die Zooxanthellen und deshalb bevorzugen sie Überhänge oder größere Tiefen des Riffs, wo die Konkurrenz der fotosymbiotischen Korallen geringer ist. Forschungen deuten darauf hin, dass sich Plankton ebenfalls in Höhlen sammelt und somit das Nahrungsangebot für die räuberischen Korallen vergrößert.

Fak-Fak-Region, südliche Vogelkopf-Halbinsel. West-Papua, Indonesien.
Nikon D2X + 16 mm, 1/60 bei F6,3

## > Weißaugen-Muräne

Eine Weißaugen-Muräne (*Siderea prosopeion*) taucht aus der Dunkelheit einer Riffspalte auf. Muränen sind vor allem nachts aktiv, wenn sie den Schutz ihrer Behausung verlassen und im Freien jagen, ihre Beute witternd, bevor sie zuschlagen. Muränen haben einen ausgeprägten Geruchssinn, wie man an den großen inwendigen Nasenlöchern und Nasenhöhlen dieses Exemplars sieht.
Die größte Muräne ist die Riesenmuräne (*Gymnothorax javanicus*), die drei Meter lang werden und den gleichen Umfang haben kann wie das Bein eines Rugbyspielers. Diese Weißaugen-Muräne ist wesentlich kürzer und nur drei Finger dick.

Seraya, Tulamben-Region, Bali. Indonesien, Java-See.
Nikon D2X + 150 mm, 1/250 bei F11

## Ein Tarpun-Paar

Der Tarpun (*Megalops atlanticus*, ein Meter) gehört zu den auffälligsten großen Fischen der atlantischen Riffe; sein Körper glänzt wie poliertes Chrom. Tarpune jagen in der Dämmerung und nachts; den Tag verbringen sie im Schwarm, halten sich in Grotten und Canyons auf. Sie stammen von einer urtümlicheren Fischlinie als die meisten Riffbewohner ab und entwickeln sich ähnlich wie Aale über ein larvales Stadium. Die Larven, die man bei Nachttauchgängen sehen kann, sehen wie ein kurzes Band mit einem winzigen Kopf aus.

Einige Tarpune jagen in den inneren Bereichen der Riffe, über Seegrasbetten und in Mangroven. Die verrottende Vegetation verringert den Sauerstoffgehalt des Wassers und macht die Fische träge. Tarpune können an der Wasseroberfläche Luft schlucken und den Sauerstoff mittels Schwimmblase aufnehmen, was diesen Räubern einen Turbo-Vorteil verleiht.

East End, Grand Cayman. Kaimaninseln, Karibisches Meer.
Nikon D2X + 105 mm, 1/80 bei F5,6

## Taucher über einer Korallenhöhle

Zwei Taucher erkunden eine Grotte in einem Korallenriff. Höhlen findet man häufig in Riffen; sie vergrößern die Habitat-Vielfalt des Ökosystems. Viele Arten haben sich im Zuge der Evolution darauf spezialisiert, ihr ganzes Leben oder einen Teil davon in dieser »geschützten« Umgebung zu verbringen. Für Taucher sind Korallenhöhlen ein Highlight der Rifferkundung; sie stellen eine besondere Herausforderung dar: Man hat einen gewaltigen Lebensraum über sich und kann gleichzeitig eine Fülle neuer Arten entdecken.

East End, Grand Cayman. Kaimaninseln, Karibisches Meer.
Nikon D2X + 16 mm, 1/250 bei F11 (m)

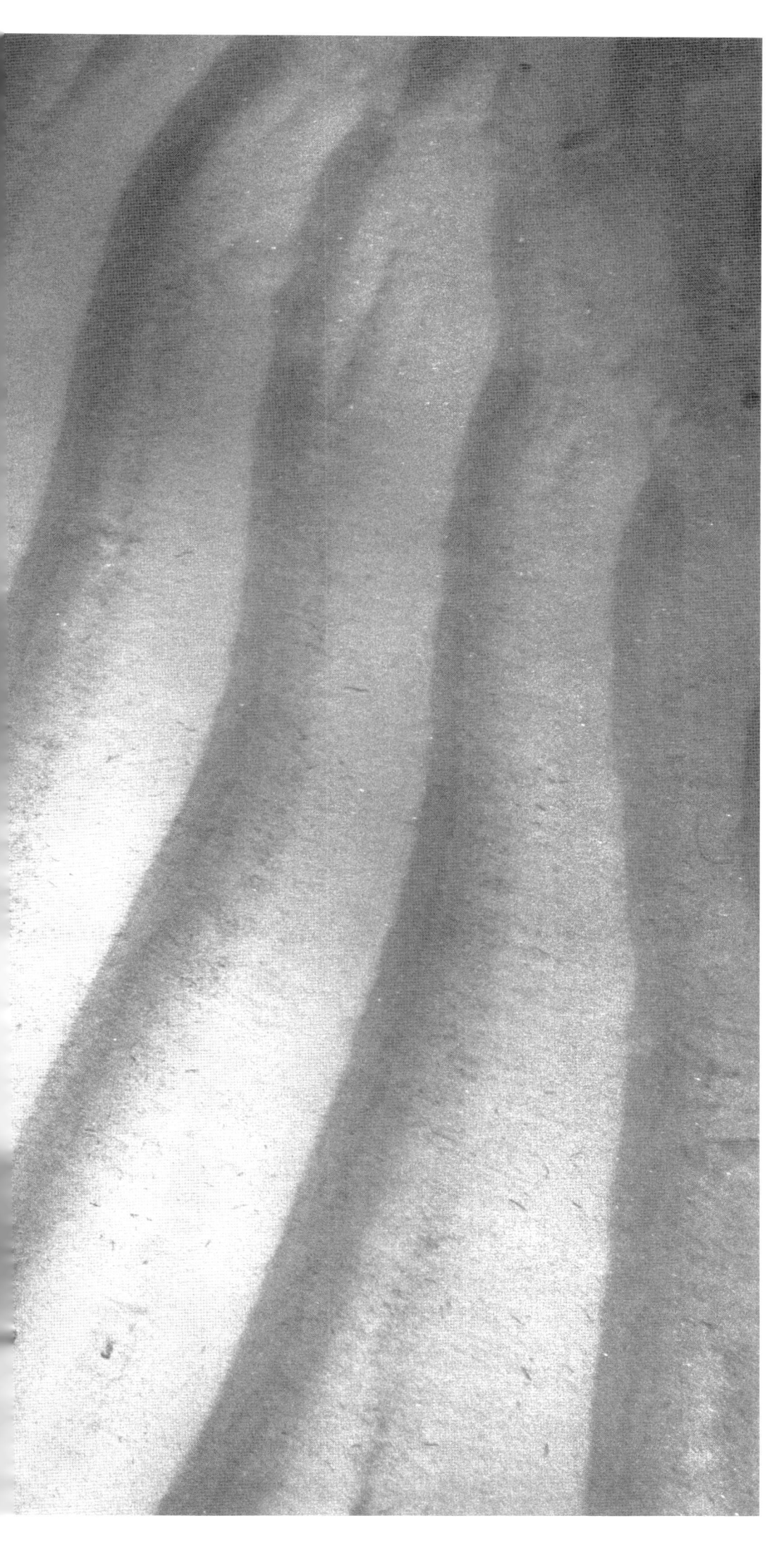

## ‹ Karibischer Riffhai

Ein Karibischer Riffhai (*Carcharhinus perezi*, 1,5 Meter) gleitet über gekräuselte Sandwellen in einem Kanal, der durch ein Riff verläuft. Haie haben keine Schwimmblasen wie Knochenfische und müssen daher ständig in Bewegung bleiben, um nicht abzusinken. In wenigen Regionen, beispielsweise in den Höhlen der Isla Mujeres, lebt der Karibische Riffhai auf dem Meeresboden und hechelt, um den kontinuierlichen Sauerstoff-Fluss über die Kiemen aufrechtzuerhalten. Im Indopazifik trifft man den Weißspitzen-Riffhai (*Triaenodon obesus*) ständig auf dem Boden liegend an.

Walkers Cay. Bahamas, Westatlantik.
Nikon D2X + 12–24 mm, 1/125 bei F11

## Soldatenfisch mit parasitischer Fischassel

Eine parasitische Fischassel (*Cymiothidae isopode*) versenkt wie eine marine Bohrassel ihre Krallen in den Kopf eines Karibischen Halsband-Soldatenfisches (*Myripristis jacobus*). Fischasseln sind zahlreich, wobei bestimmte Arten einen bestimmten Wirt und eine bestimmte Stelle ins Visier nehmen, um sich anzuheften. Eine dieser parasitischen Fischassel-Arten hängt sich an die Zunge des Riff-Fisches und frisst sie nach und nach; während sie größer wird, ersetzt sie die Zunge und ihre Funktion.
Fischasseln leben in Paaren auf Soldatenfischen. Die erste Fischassel, die sich anheftet, entwickelt sich rasch zu einem großen Weibchen, das Pheromone freisetzt und nachfolgende Exemplare in der Rolle des Männchens

hält, die klein und kaum sichtbar sind. Die Weibchen brüten ihre Jungen in einem Marsupium, einem Brutraum unter dem Körper, aus.
Ich kann nicht umhin, Mitleid mit den armen Fischen zu empfinden, die so offensichtlich von Parasiten befallen sind. Wie würden Sie sich fühlen, wenn sich eine Bohrassel von der Größe einer Katze auf Ihrem Kopf angesiedelt hätte? So grotesk Parasiten auch erscheinen mögen, sie leben nicht ewig, denn sie sterben mit ihrem Wirt.

Südwand, Grand Cayman. Kaimaninseln, Karibisches Meer.
Nikon D100 + 28–70 mm, 1/60 bei F16

## mperator-Kaiserfisch

ie Zeichnung des Imperator-Kaiserfisches (*Pomacanthus nperator*) fällt ins Auge. Er ernährt sich von Schwämmen, eescheiden und Algen und ist hochgradig territorial sprich aggressiv), um sich seinen Anteil an der langsam achsenden Nahrung zu sichern.
ungtiere sind durch ein deutlich anderes Farbmuster ekennzeichnet und nicht den gleichen Aggressionen usgesetzt wie die ausgewachsenen Artgenossen, da sie eine Nahrungskonkurrenz darstellen. Beim Laichen lassen sich die Männchen leicht von den Weibchen unterscheiden, da sie größer sind und ein dunkleres Gesicht aben.
ie kräftigen Farbmuster könnten die Aufmerksamkeit on Räubern wecken, doch die beträchtliche Größe des nperator-Kaiserfisches und sein bizarr geformter, seitch zusammengedrückter Körper schützen ihn. Viele venile Imperator-Kaiserfische betätigen sich als Putzer, as ihnen zusätzlichen Schutz verleiht.

palai-Insel, Sabah. Malaysia, Sulawesi-Meer.
kon D2X + 60 mm, 1/100 bei F16

## << Das Wrack der *Carnatic*

Der Bug der *Carnatic* ist mit roten weichen Prachtkorallen (*Dendronephythya sp.*) bedeckt. Die *Carnatic* war ein in Großbritannien gebautes Fracht- und Passagierdampfschiff, als Rahschiff getakelt, das auf demselben Riff wie die *Christoula K* (siehe unten) sank, aber im Jahr 1869, über 100 Jahre früher. Die *Carnatic* liegt tiefer und länger unter Wasser als die *Christoula K,* sodass sich die unterschiedlichsten marinen Lebewesen dort angesiedelt haben.

Auf Wracks in flachen Gewässern werden die Metallflanken als Erstes von Algenkolonien in Besitz genommen, die zahlreiche herbivore Fische anlocken. Tiefer liegende Wracks sind oft von einer Decke aus Weichkorallen und Gorgonien umhüllt, die auf den Schiffsstrukturen ideale Futterbedingungen vorfinden.

Scha'ab Abu Nuhas, Golf von Suez. Ägypten, Rotes Meer.
Nikon D2X + 10,5 mm, 1/30 bei F7,1

## < Fledermausfisch-Schwarm

Ein kleiner Schwarm Rundkopf-Fledermausfische (*Platax orbicularis,* 45 Zentimeter) schwimmt in der offenen See. Fledermausfische finden sich oft an begehrten Tauchgründen ein, zum Beispiel Schiffswracks. Sie können neugierig und geradewegs zutraulich sein und begleiten die Tauchgruppen oft den ganzen Tag. Sie sind experimentierfreudig und nutzen die Vielfalt der Nahrungsquellen, von großen Plankton-Organismen wie Medusen bis hin zu benthischen Invertebraten (im Sediment lebende Wirbellose).
Fledermausfische verändern im Lauf ihres Lebens häufig ihr äußeres Erscheinungsbild. Jungtiere zeichnen sich durch Rücken- und Afterflossen, deren Länge oft ein Vielfaches ihres Körperumfangs beträgt, und einige Spezies durch ihre schöne Färbung aus. Die Adulten sind runder, wie die hier abgebildeten, und weniger farbenprächtig.

Süd-Male-Atoll. Malediven, Nordindischer Ozean.
Nikon D2X + 28–70 mm, 1/40 bei F6,3

Dies ist der Bug der *Christoula K*, die im August 1981 im Roten Meer sank; ihre Fracht bestand aus Bodenfliesen, die für Jeddah bestimmt waren. Korallenriffe stellen eine Gefahr dar, der viele Schiffe zum Opfer fallen. Kollisionen können den Riffen kurzfristig großen Schaden zufügen, doch im Laufe der Zeit werden die Wracks integriert und als Siedlungsraum genutzt. Ihre komplexe dreidimensionale Struktur ist für die Meeresbewohner unwiderstehlich und viele scheinen viel mehr Leben anzuziehen als das Riff selbst, das sie sich einverleibt hat.

Scha'ab Abu Nuhas, Golf von Suez. Ägypten, Rotes Meer.
Nikon D2X + 10,5 mm, 1/50 bei F5,6

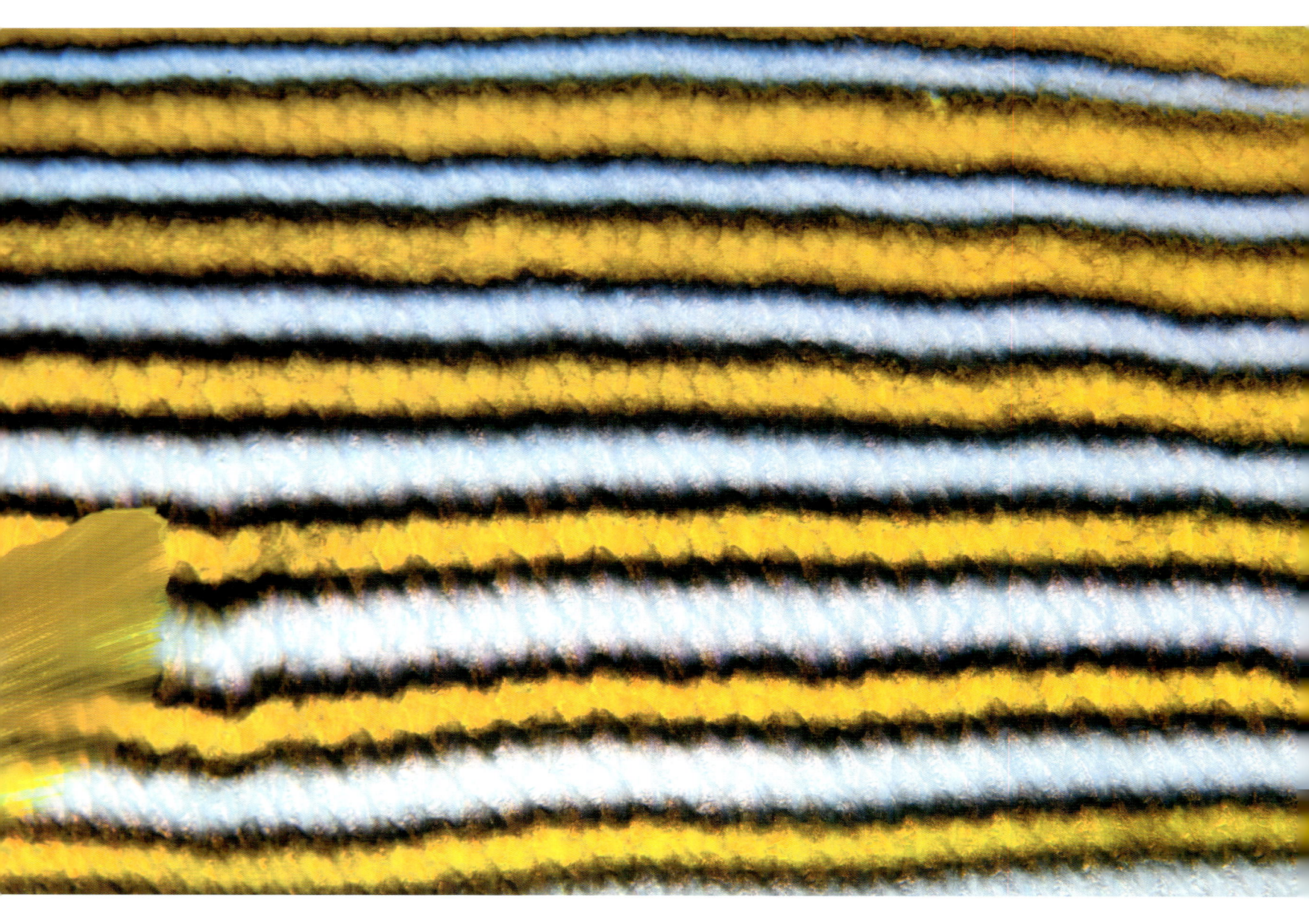

## Die Streifen einer
## Goldband-Süßlippe

Die Goldband-Süßlippe (*Plectorhinchus polytaenia*) ist
mein liebstes Mitglied dieser indopazifischen Fischfami-
lie. Das Foto zeigt einen Ausschnitt von den Streifen, die
ihren Körper bedecken. Viele Fische verändern das Farbmuster im Lauf ihres Lebens, um die gefährdeten Jungtiere vor Räubern zu schützen oder die Aggression innerhalb
der Art einzudämmen.

Die Jungtiere unterscheiden sich deutlich von den adulten Süßlippen; die Zeichnungen auf ihrem Körper sind
zumeist groß und unregelmäßig. Außerdem »tanzen«
sie: Sie drehen sich schwindelerregend im Kreis. Manche
vermuten, dass sie einen Plattwurm oder eine Nacktschnecke nachahmen, obwohl ich glaube, dass diese
übertriebenen Schwimmbewegungen nur dazu dienen,
ihre charakteristischen Merkmale zu kaschieren.

Misool-Insel, Raja Ampat. Indonesien, Ceram-See.
Nikon D2X + 150 mm, 1/125 bei F9

## Tabak-Falterfisch

Falterfische, wie dieser Tabak-Falterfisch (*Chaetodon fas-*
*ciatius*), haben eine verlängerte Schnauze, um in den
Spalten des Riffs nach Nahrung zu graben. Sie sind ein
anschauliches Beispiel für die größere Vielfalt der indopazifischen Riffe. Die atlantischen Riffe beherbergen nur
acht Arten, während es in der großen indopazifischen Region mehr als 80 gibt. Diese Spezies ist eine von vielen,
die im Roten Meer endemisch sind.

Falterfische sieht man oft paarweise und ich habe gele-
sen, dass sie dauerhafte monogame Beziehungen eingehen. Beim Fotografieren ist mir jedoch wiederholt auf-
gefallen, dass sich das »Bäumchen-wechsel-dich-Spiel«
großer Beliebtheit erfreut: Viele Männchen verlassen ihre
Partnerin nach dem Ablaichen und begeben sich auf die
Suche nach einem anderen Weibchen, das bisweilen den
eigenen Partner verlässt, um sich mit dem vagabundie-
renden Männchen zu paaren.

Scharm El-Scheich, Golf von Akaba. Ägypten, Rotes Meer.
Nikon D2X + 105 mm, 1/125 bei F10

Ein Taucher inspiziert große »Gewächse« an der Riffwand, u. a. den Braunen Röhrenschwamm (*Agelas conifera*), den Aufrechten Seilschwamm (*Amphimedon compressa*) und die Tiefsee-Gorgonie (*Iciligorgia schrammi*). Die Riffwand ist ein idealer Standort für Filtrierer; sie profitieren vom Plankton, das aus der offenen See angeschwemmt oder aus größerer Tiefe hochgespült wird.

Schwämme sind außerordentlich geschickte Feinfiltrierer: Sie sieben 99 Prozent des Bakterioplanktons aus dem Wasser, das durch sie hindurchströmt. Ihre Tuben gleichen einem Schornstein und dienen als Ausströmöffnung für das Wasser, das sie durch den Schwamm aufnehmen. Schwämme können alle fünf bis 20 Sekunden ein Wasservolumen filtrieren, das ihrem eigenen Körpergewicht entspricht.

Nordwand, Grand Cayman. Kaimaninseln, Karibisches Meer.
Nikon D2X + 10,5 mm, 1/50 bei F7,1

## ⌃ Spitzkopf-Kugelfisch

Die auffallenden gelben Augen des Karibischen Spitzkopf-Kugelfisches (*Canthigaster*) zeichnen sich deutlich vor dem dunklen Hintergrund ab. Kleine Kugelfische sind auf Riffen weit verbreitet, obwohl man sie oft übersieht. Diese Art lebt in territorialen Harems mit einem größeren dominanten Männchen und bis zu sechs Weibchen. Männchen ohne Harem nehmen kleinere Reviere in Besitz oder ziehen weitläufig umher. Die Weibchen bereiten ein Algennest vor, in dem das dominante Männchen die Eier befruchtet.

Nordwand, Grand Cayman. Kaimaninseln, Karibisches Meer.
Nikon D2X + 150 mm, 1/250 bei F14

## Colemans Partnergarnelen auf einem Feuerseeigel

Ein winziges Colemans-Partnergarnelen-Paar (*Pericleme-nes colemani*, zwei Zentimeter) lebt kommensal auf einem Feuerseeigel (*Asthenosoma varium*). Enge, artübergrei-fende Wechselbeziehungen sind für Riffe typisch. Sie zeugen von der Reife eines Ökosystems, denn es dauert lange, bis sich solche komplexen Netzwerke entwickeln. In Riffen findet man viele kommensale Arten, bei denen nur einer der Partner von der Lebensgemeinschaft profitiert; normalerweise sucht dieser Schutz und manchmal Nahrung, ohne seinem Wirt merklich zu schaden oder zu nutzen.

Das Colemans-Partnergarnelen-Paar (das Weibchen ist größer) hat eine Parzelle »gerodet«, um zwischen den Giftstacheln des Seeigels zu siedeln. Die Garnelen sind so häufig von inneren Parasiten befallen, die ihre Seiten aufblähen, dass dieses parasitenfreie Paar eine Seltenheit ist.

Seraya, Tulamben-Region, Bali. Indonesien, Java-See.
Nikon D2X + 105 mm, 1/25 bei F22

## ∧ Feuerseeigel mit Garnelen

Ein Feuerseeigel (*Asthenosoma varium*) mit einem Cole-mans-Partnergarnelen-Paar (*Periclemenes colemani*). Feuerseeigel gehören zu den größten und giftigsten Seeigeln, ihre grellen Farben stellen eine Warnung dar. Wie Haar- oder Federsterne sind sie Stachelhäuter, sogenannte Echinodermata.

Seraya, Tulamben-Region, Bali. Indonesien, Java-See.
Nikon D2X + 10,5 mm + 1,5 x TC, 1/5 bei F8

## ⌃ Dörnchenkorallen-Garnele

Dies ist eine starke Vergößerung der Dörnchenkorallen-Garnele (*Dasycaris zanzibarica*), die über eine Gewundene Drahtkoralle (*Cirripathes sp.*) huscht. Diese Garnelenart kann ihre Farbe der jeweiligen Koralle anpassen, um sich zu tarnen. Peitschenkorallen sind meistens orange, braun oder gelb, doch diese besonders große Kolonie ist weiß. Die Farbe der Garnele wird von der Farbe des Wirts bestimmt, auf der sie sich als Larve niederlässt.

Diese Korallen-Garnele war ziemlich groß (1,5 Zentimeter), länger als ein Daumennagel, und vermutlich ein Weibchen, das größere Geschlecht.

Misool-Insel, Raja Ampat. Indonesien, Ceram-See.
Nikon D2X + 105 mm, 1/259 bei F32

# Imperator-Putzergarnele auf Augenfleck-Seewalze

Eine Imperator-Putzergarnele (*Periclimenes imperator*) erkundet die außerirdisch anmutende Landschaft ihres Wirts, einer Augenfleck-Seewalze (*Bohadschia argus*). Imperator-Putzergarnelen leben kommensal und wechseln häufig den Wirt, der zu den Seewalzen-Arten, Seesternen und Nacktschnecken gehören kann. Sie ernähren sich oft von den Fäkalien ihres Wirts und stellen somit ein ultimatives »Recycling-System« dar, mit dem sie im Riff-Ökosystem einen wichtigen Dienst leisten.

Fak-Fak-Region, südliche Vogelkopf-Halbinsel. West-Papua, Indonesien.

Nikon D2X + 60 mm, 1/250 bei F16

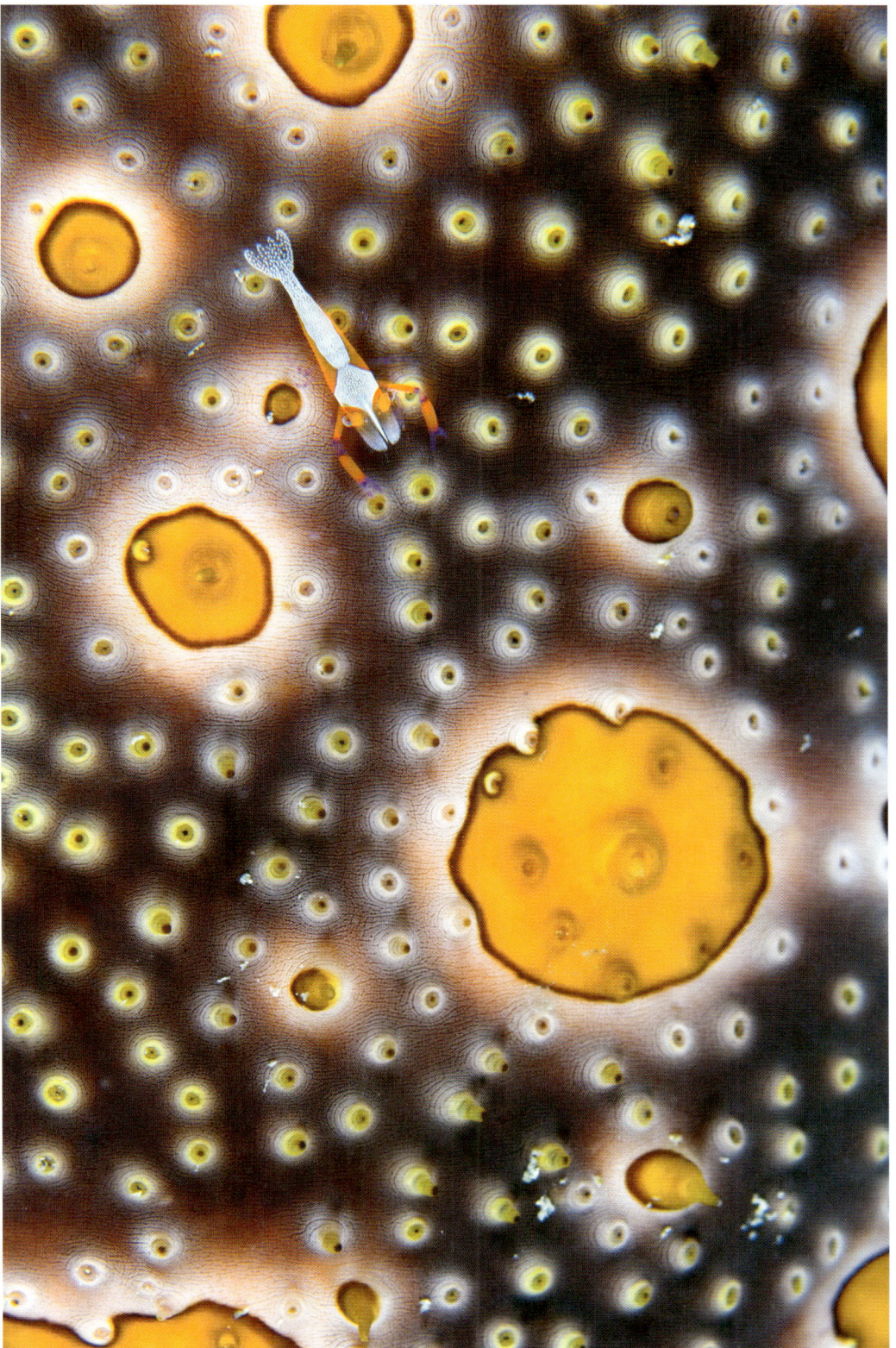

> Gelbe Partnergarnele in
> Wirts-Seelilie

Eine Partnergarnele (*Periclemenes commensalis*) erkundet
die Arme ihres Wirts, einer Seelinie. Wie viele kommensale Arten können auch diese Garnelen ihre Farbe verändern, um sich ihrem jeweiligen Wirt anzupassen.

Lembeh-Straße, Sulawesi. Indonesien, Molukkensee.
Nikon F100 + 105 mm, 1/250 bei F16

## ∧ Offiziersbarsche geben einem
## Tigerhai das Geleit

Auch am anderen Ende der Größenskala bilden die Arten
Lebensgemeinschaften: Eine Gruppe von Offiziers- oder
Königsbarschen (*Rachycentron canadum*) begleitet hier
einen Tigerhai (*Galeocerdo cuvier*). Offiziersbarsche werden wegen ihrer Größe und Stromlinienform oft mit Hai-
en verwechselt, aber sie sind nicht verwandt: Die Ähnlichkeit ist das Ergebnis einer konvergenten Evolution, in der
sich schnelle und gute Schwimmer durchgesetzt haben.
Die hydrodynamischen Anforderungen, die das marine
Leben mit sich bringt, verlangen eine optimale Anpassung

der Körperformen und selbst der Ichthyosaurier, eine riesige Meerechse, die vor 90 Millionen Jahren ausstarb,
wies eine ähnliche Körperstruktur auf. Offiziersbarsche
findet man häufig in Begleitung großer Haie, vor allem
Walhaien (*Rhinocodon typus*). Diese Offiziersbarsche waren groß (1,5 Meter) und ließen den wesentlich größeren
Tigerhai (3,5 Meter) kleiner wirken, als er tatsächlich war.

Kleine Bahama-Bank. Bahamas, Westatlantik.
Nikon D2X + 12–24 mm, 1/100 bei F10

## ⌄ Harlekin-Schwimmkrabbe

Eine Harlekin-Schwimmkrabbe (*Lissocarcinus laevis*) sitzt
auf dem Sand unter den Tentakeln ihres Wirts, der Zylinderrose (*Cerianthus sp.*). Die Zylinderrose kann sich vollständig in ihre Röhren zurückziehen; oft lässt sie die
Krabbe exponiert im Sand zurück, die wartet, bis sie wieder erscheint. Die Krabbe lebt mit verschiedenen Anemo-
nen- und Weichkorallen-Varietäten zusammen.

Seraya, Tulamben-Region, Bali. Indonesien, Java-See.
Nikon D2X + 105 mm, 1/250 bei F18

## Gelbe Meerbarbe

Eine Gelbe Meerbarbe (*Mulloidichthys martinicus*) lässt sich symmetrisch in einer vom Riff aufsteigenden Strömung treiben. Meerbarben finden ihre Nahrung im Sediment und können ihre chemosensorischen Barteln – fadenförmige Anhänge am Kinn – getrennt voneinander steuern, um im Sand und Abfall nach wirbelloser Beute zu graben. Die Barteln haben möglicherweise noch eine weitere Bedeutung: Ich habe beobachtet, dass Männchen sie »zwirbeln«, wenn sie versuchen, Weibchen anzulocken.

Obwohl hochgradige Ernährungsanpassungen bei Riff-Fischen gang und gäbe sind, ändern diese Fische die Strategie, um zeitweilig ergiebige Nahrungsquellen zu nutzen. Diese Mischung aus Spezialist und Generalist gestattet ihnen, mit einem Minumum an Energieaufwand ein Maximum an Nahrung zu beschaffen.

West Bay, Grand Cayman. Kaimaninseln, Karibisches Meer.
Nikon D2X + 105 mm, 1/60 bei F11

# Kurzflossen-Zwergfeuerfisch von unten

Ein Kurzflossen-Zwergfeuerfisch (*Dendrochiuus brachyoterus*) öffnet seine »Schwingen« (vergrößerte Brustflossen), während er durch einen schmalen Spalt offenen Wassers schwirrt. Diese Art lebt normalerweise auf dem Meeresboden und bevorzugt küstennahe Riffe. Eine besondere Anziehung scheinen von Menschen gefertigte Strukturen im Flachwasser auf ihn auszuüben, denn er wird häufig in der Nähe von Molen gesehen.

Dieses Foto wurde zwischen zwei Stützpfeilern eines künstlichen Riffs im Flachwasser aufgenommen – sie befinden sich zu beiden Seiten, sind aber nicht mehr im Bild. Der Hintergrund ist nicht das Wasser, das trübe und grau war, sondern der strahlend blaue Himmel.

Seraya, Tulamben-Region, Bali. Indonesien, Java-See.
Nikon D2X + 60 mm, 1/60 bei F14

## ⌃ Reflexion eines Hornhechts

Dies ist die Reflexion eines Krokodil-Hornhechts (*Tylosurus crocodilus crocodilus*) an der Unterseite einer Welle. Hornhechte gehören zu den Jägern, die sich zur Tarnung knapp unter der Wasseroberfläche verbergen, wo ihre weißen Bäuche und schlanken Silhouetten Schatten bilden, die vor dem hellen Himmel kaum auszumachen sind.

Wenn sie sich vor Räubern auf der Flucht befinden, versuchen sie ihnen mit hohen Sprüngen aus dem Wasser zu entkommen.

Ras Mohammed, Sinai. Ägypten, Rotes Meer.
Nikon D2X + 150 mm, 1/160 bei F5,6

## Suppenschildkröte

Eine weibliche Suppenschildkröte (*Chelonia mydas*) gleitet in das blaue Wasser jenseits der Riffwand. Wie die Seeschlangen, stammen auch die Suppenschildkröten von Landtieren ab, die vor mehr als 200 Millionen Jahren wieder das Meer als Lebensraum in Besitz nahmen. In der aktiven Phase begeben sie sich alle zehn bis 30 Minuten an die Oberfläche, um zu atmen.

Weibliche Suppenschildkröten ziehen sich nachts an Land, um ihre Eier in Nestern abzulegen, die sie in den Sand gegraben haben. Sie paaren sich allem Anschein nach nur alle zwei bis vier Jahre und legen ihre Eier in vier bis sieben Gelegen ab. Das Geschlecht der Jungschildkröten wird von der Inkubationstemperatur der Eier während des Ausbrütens im Sand bestimmt.

Sipadan-Insel, Sabah. Malaysia, Sulawesi-Meer.
Nikon D2X + 16 mm, 1/50 bei F3,5

## ⌄ Mimik-Oktopus-Porträt

Von Wissenschaftlern offiziell erst 2005 beschrieben, taucht der Mimik-Oktopus (*Thaumoctopus mimicus*) immer wieder vor Neukaledonien, im Westpazifik und im nördlichen Golf von Akaba im Roten Meer auf.
Er bevorzugt flache sandige oder schlammige Regionen, oft in der Nähe kleiner Meeresbuchten, wo er am Tag Jagd auf kleine Fische und Schalentiere macht.

Puri Jati, Seririt, Bali. Indonesien, Java-See.
Nikon D2X + 60 mm, 1/80 bei F9

## Nacktschnecke unterwegs

Eine kleine Prachtsternschnecke (*Chromodoris willani*), nicht länger als ein Daumennagel, erkundet die Umgebung, auf der Suche nach Nahrung, scheinbar blind für die Gefahren. Die Sorglosigkeit der Nacktschnecken hat einen guten Grund, da alle Arten ungemein wehrhaft sind. Ihre stärkste Waffe gewinnen sie aus der Nahrung, indem sie beispielsweise die Toxine von Schwämmen und die Stacheln von Hydroiden aufnehmen. Sie sind die Verkörperung des Ausspruchs: »Man ist, was man isst.«
Es zahlt sich aus, allseits zu verkünden, dass man giftig ist: Die knalligen Posterfarben und die augenfällige Zeichnung einer Nacktschnecke schrecken potenzielle Räuber ab. Obwohl sie zu den schönsten Riffbewohnern gehören, fehlt den Nacktschnecken ein richtiger Gesichtssinn, sodass sie ihr prachtvolles Erscheinungsbild nicht wahrnehmen können.

Mabul-Insel, Sabah. Malaysia, Sulawesi-Meer.
Nikon D2X + 105 mm, 1/250 bei F29

## Korallenwachstum an Mangrovenwurzeln

Mangrovenwälder und Seegraswiesen gehören zu den Ökosystemen, die man gemeinhin mit Korallenriffen im Atlantik und Indopazifik in Verbindung bringt. Auf manchen Riffen verbringen bis zu 70 Prozent der Fischarten einen Teil ihres Lebens in Mangrovenwäldern, während sich auf anderen Riffen kein Mangrovenbestand bildet. Mangroven sind ein äußerst produktives Habitat. Die Umweltbedingungen sind jedoch harsch und großen Schwankungen unterworfen, doch die Bewohner, die sich anpassen können, gedeihen in der Regel. Mangroven dienen als Pufferzone, die ein Riff von terrestrischen Sedimenten und Süßwasser abschirmen; sie stellen außerdem eine wichtige Kinderstube dar.

Wie die Riffe, sind auch die Mangroven in ihrer Existenz bedroht; Schätzungen zufolge sind mindestens 35 Prozent der weltweiten Bestände bereits zerstört. Das Mangrovensterben in der Karibik hat einen Rückgang der herbivoren Fische verursacht, was wiederum zur Folge hat, dass Algen die Korallen auf den Riffen überwuchern.

Misool-Insel, Raja Ampat. Indonesien, Ceram-See.
Nikon D2X + 10,5 mm, 1/125 bei F8

## Spiegelbild der Mangrovenwurzeln

Der Mangrovenwald stützt sich auf Baum- und Pflanzen-
arten unterschiedlicher botanischer Zugehörigkeit, die
an den Gezeitenbereich angepasst und nur dort bestands-
bildend sind. Mangrovenbäume haben verschiedene Wur-
zelsysteme entwickelt, um im Morast Halt zu finden und,
was noch wichtiger ist, Sauerstoff aufzunehmen.
Dieses Foto zeigt einen Mangrovenbaum mit Luftwurzeln;
es gibt außerdem Arten mit einem kabelförmigen Hori-
zontalwurzelsystem, aufwärts strebenden Knie- und luft-
röhrenähnlichen Bleistiftwurzeln oder Senkerwurzelsys-
temen, die nach unten wachsen, Halt verleihen und
Nährstoffe aufnehmen. Andere Arten haben ausladende
Brettwurzeln entwickelt, die als festes Fundament im
schlammigen Boden dienen.

Misool-Insel, Raja Ampat. Indonesien, Ceram-See.
Nikon D2X + 12–24 mm, 1/40 bei F4

## Schützenfisch-Trio

Der Schützen- oder Spritzfisch (*Toxotes sp.*) ist charakteristisch für den Westpazifik und optimal an seine Umwelt
angepasst, obwohl er zum Ablaichen aus dem Riff hinaus-
schwimmt, um eine weitläufige Verbreitung seiner Nachkommen zu gewährleisten.
Schützenfische ernähren sich von den Insekten, die im
dichten Blattwerk der Mangroven leben. Sie haben zwei
wirksame Jagdtechniken entwickelt: Sie fangen ihre
Beute im Sprung oder schießen einen Wasserstrahl auf
sie ab. Der Wasserstrahl reicht zwei bis drei Meter weit.
Schützenfische überwinden die Brechung, indem sie
senkrecht oder rasch hintereinander »feuern« und dabei
die Zielrichtung anpassen. Ältere Fische scheinen mehr
Geschick zu haben, diese Lichtbrechung an der Wasseroberfläche beim Zielvorgang zu »berücksichtigen«.

Misool-Insel, Raja Ampat. Indonesien, Ceram-See.
Nikon D2X + 60 mm, 1/40 bei F5,6

# Seestern auf einer Seegraswiese

Ein Seestern (*Oreaster radians*) auf einer seichen Schildkrötengraswiese (*Thalassia testudinum*). Seegraswiesen entstehen oft in den Lagunen zwischen Festland und Saum- oder Barriereriffen. Wie Wal, Delfin und Schildkröte ist auch das Seegras ein terrestrischer Eindringling, der sich an das Leben unter den Wellen angepasst hat. Seegras ist keine Meeresalge, sondern eine echte Pflanze mit Wurzeln, Blättern, Stielen, kleinen Blüten und Früchten. Auch der Seegrasteppich dient, wie die Mangroven, als Pufferzone zwischen Land und Riff und als Kinderstube für Jungfische. Tropisches Seegras wächst schnell; seine Wurzeln binden das Sediment und verhindern eine Trübung der Riffe.

East-End-Sound, Grand Cayman. Kaimaninseln,
Karibisches Meer.
Nikon D100 + 16 mm, 1/100 bei F13

## ∧ Bullenhai über Seegras

Ein Bullenhai (*Carcharhinus leucas*, 2,5 Meter) zieht seine Bahnen über einer Seegraswiese. Bullenhaie sind kräftig gebaut und in unterschiedlich gearteten, küstenreichen Regionen der tropischen und subtropischen Gewässer beheimatet. Man findet sie bei Korallenriffen, in einem Seegras-Habitat und in Lagunen; sie sind dafür bekannt, dass sie sich auch in Flüssen aufhalten und sich dabei weit ins Landesinnere vorwagen. Es heißt, dass Bullenhaie den höchsten Testosteronspiegel in der Tierwelt haben, was allerdings nicht durch veröffentlichte Daten belegt ist.

Walkers Cay. Bahamas, Westatlantik.
Nikon D2X + 12–24 mm, 1/80 bei F9

## ⌃ Anglerfisch-Paar in Algen

Dieses Paar des zottigen Anglerfisches (*Antennarius his-pidus*) sitzt auf einem Algenbett in der balinesischen Gi-limanuk-Bucht. Die kleine Bucht ist von Mangroven und stützenden Seegraswiesen, Patchriffen und Algenteppi-chen gesäumt – und das alles auf einem Areal, das nicht größer ist als ein Fußballfeld. In manchen Regionen sind die verschiedenen Ökosysteme auf kleinster Fläche bunt zusammengewürfelt.

Gilimanuk-Bucht, Bali. Indonesien, Java-See.
Nikon D2X + 28–70 mm, 1/15 bei F10

## ⌃ Weichkorallen-Spiegelungen

Die Weichkoralle (*Dendronephthya sp.*) und verschiedene Seelilien-Arten gedeihen im Schatten des Riffsockels. Weichkorallen siedeln normalerweise in größerer Rifftiefe und unter Überhängen, obwohl man sie auch direkt unter der Wasseroberfläche findet, wenn es die Bedingungen erlauben.

Kaimana-Region, südliche Vogelkopf-Halbinsel. West-Papua, Indonesien.
Nikon D2X + 17–55 mm, 1/25 bei F8

91

Stellen Sie sich vor, Sie driften ins offene Meer hinaus, über das Riff hinweg. Und nun stellen Sie sich vor, Sie wären Plankton, ein winzig kleiner, frei im Ozean treibender Organismus, dessen Ziel von den Meeresströmungen bestimmt wird. Plötzlich ändern sich diese und beginnen, über das Riff zu branden. Die Riffwand ist ein dicht besiedelter Lebensraum, dort gibt es unzählige Schwärme kleiner Fische und dicke Korallenstöcke, eine Vielzahl von Mäulern, die darauf spezialisiert sind, sich von Plankton zu ernähren.

Die einzelnen Bewohner der Riffwand ernähren sich von Plankton unterschiedlicher Größe: Die Prachtkoralle (*Dendronephthya sp.*) ist auf das kleinere Phytoplankton spezialsiert (z.B. Algen), während der Juwelen-Fahnenbarsch (*Pseudanthias squamipinnis*) Zooplankton (z.B. Schalentiere) bevorzugt. Am Riff finden sich so viele Fische ein, dass Siedlungsraum knapp ist und manche »pendeln« müssen, um Futter zu suchen.

Ras Mohammed, Sinai. Ägypten, Rotes Meer.
Nikon D2X + 10,5 mm, 1/25 bei F5,6

## ^ Fahnenbarsch beim Fressen

Hier tut sich ein weiblicher Juwelen-Fahnenbarsch (*Pseudanthias squamipinnis*) an Plankton gütlich. Das vorwölbbare Maul ermöglicht ihm, die winzige Beute zu umfassen, ein Merkmal, das sich auch bei anderen, nicht artverwandten Fischen wie dem Gelben Riffbarsch entwickelt hat. Seine eng zusammenstehenden Kiemen sind wie ein Rechen geformt und verhindern, dass ihm die Beute entgleitet. Planktivoren haben oft eine kurze Schnauze, die gewährleistet, dass sich die Augen unweit der Vorderfront des Körpers befinden; dadurch können sie ihre winzige Beute mit beiden Augen genau ins Visier nehmen.

Scharm El-Scheich, Golf von Akaba. Ägypten, Rotes Meer.
Nikon D2X + 105 mm, 1/160 bei F9

## > Stechrochen und Boot

Korallenriffe bilden selten eine ununterbrochene Kette, selbst der Hauptteil des Great Barrier Reef ist in 2100 einzelne Riffe unterteilt, getrennt durch Sandkanäle. In den meisten Riffen gibt es Sandbereiche, wichtige Komponenten des übergeordneten Riff-Ökosystems.

Ein Amerikanischer Stachel- oder Stechrochen (*Dasyatis americana*) gleitet auf einer Sandbank in einer Rifflagune unter einem Boot hinweg. Der Name Stachelrochen leitet sich von dem mit Widerhaken versehenen und mit einer Giftdrüse verbundenen Stachel auf dem peitschenartigen Schwanz her; er dient der Verteidigung gegen Haie. Diese Strategie ist jedoch nicht immer erfolgreich: Im Magen eines großen Hammerhais wurden einmal 96 unverdaute Widerhaken entdeckt.

Es gibt weltweit 340 Stachelrochen-Arten.

North Sound, Grand Cayman. Kaimaninseln, Karibisches Meer.

## ‹ Mimik-Oktopus auf dem Sand

Ein Mimik-Oktopus (*Thaumoctopus mimicus*) breitet seine Arme auf dem Sand aus. Oktopus und Bandfisch sind Meister der Tarnung. Während andere Tiere mithilfe bestimmmter Hormone langsam ihre Farbe wechseln, haben diese Mollusken die nervale Kontrolle über ihr Erscheinungsbild und können ihre Körperkonturen, Farbe und Textur in Sekundenschnelle ändern.

Der Mimik-Oktopus ist vermutlich sogar in der Lage, die giftigen Riffbewohner zu imitieren, ein ausgeklügeltes Verteidigungssystem gegen Räuber. Zum Repertoire gehören die »Verwandlung« in eine giftige Flunder (Plattfisch), einen frei schwimmenden Zwergfeuerfisch und eine Gebänderte Seeschlange; das gelingt ihm, indem er sechs seiner Arme in einem Sandloch verbirgt. Es heißt, er sei außerdem in der Lage, einen Stachelrochen, einen Brunnenbauer-Fisch, eine Sandanemone, eine Seelilie, einen Tintenfisch und eine Qualle nachzuahmen, aber es könnte sein, dass hier die Fantasie mit den Beobachtern durchgegangen ist.

Puri Jati, Seririt, Bali. Indonesien, Java-See.
Nikon D2X + 60 mm, 1/125 bei F11

## ‹ Mimik oder Gimmick?

Ich bin von dem »blitzartigen« Verwandlungsakt des Mimik-Oktopus nicht überzeugt. Der Oktopus ist unbestritten fähig, sein Äußeres erstaunlich schnell und spektakulär zu verändern, sowohl die Gestalt als auch die Farbe, doch die Mimikry scheint willkürlich zu erfolgen und nicht lange anzuhalten. Die meisten Nachahmungen in der Natur wirken täuschend echt, doch einen Oktopus kann man nicht ernsthaft mit einem Zwergfeuerfisch oder einer Seeschlange verwechseln. Dazu kommt, dass die zitierten Ähnlichkeiten wegen des exakten Zeitpunkts oder Blickwinkels auf den Fotos meistens hervorgehoben werden.

Ich glaube, dass die bekannte Nachahmung der giftigen Flunder, die auf diesem Foto zu sehen ist, mehr mit der hydrodynamischen Schwimmbewegung als mit Mimikry zu tun hat und diese Haltung in unterschiedlicher Ausprägung auch bei anderen Krakenarten vorkommt. Die weiteren ausgeklügelten Verwandlungen sind vermutlich ein Warnsignal. Die meisten Kraken sind mit Substanzen unterschiedlicher Toxizität bewehrt; vielleicht soll diese Mimikry als Warnung vor einem besonders starken Gift dienen.

# Mimik-Oktopus

Ein Mimik-Oktopus (*Thaumoctopus mimicus*) ruht sich auf dem
Meeresgrund unweit seiner Grube im Herzen seines Reviers aus.

## Knallkrebs und Partnergrundel – eine bewährte Wohngemeinschaft

Ein seltsames Paar: Eine kleine Partnergrundel (*Amblyeleothis sp.*) und ein Knallkrebs (*Alpheus bellulas*) leben in einer »Erdloch-WG« unweit des Riffs zusammen. Diese symbiotische Partnerschaft findet man bei mehr als 70 Grundel- und vielen *Alpheus*-Arten in den indopazifischen und atlantischen Regionen.

Der Krebs ist dafür zuständig, das geräumige Erdloch (50 Zentimeter oder mehr) instand zu halten – die Grundel rührt selten eine Flosse, um ihm dabei zu helfen. Ihre Aufgabe besteht darin, Wache zu halten: Die hoch oben auf dem Kopf befindlichen Augen können getrennt vonei-

nander in sämtliche Richtungen gedreht werden. Durch Peitschen mit dem Schwanz teilt die Grundel dem schlecht sehenden Krebs mit, dass Gefahr im Verzug ist. Wenn der Krebs das Loch verlässt, um Sand auszugraben, bleibt ein Fühler stets in Kontakt mit der Grundel, um ihre Botschaften jederzeit empfangen zu können.

Fakfak-Region, südliche Vogelkopf-Halbinsel. West-Papua, Indonesien.
Nikon D2X + 150 mm, 1/250 bei F9

## Himmelsgucker im Sand

Das Gesicht eines Himmelsguckers (*Uranoscopus sp.*), eingerahmt vom Sand wie eine balinesische Maske. Himmelsgucker sind Fische, die ihren überraschend sperrigen Körper im Sand eingraben, um ihrer Beute aufzulauern. Normalerweise ist nur das geisterhafte Gesicht mit dem großen gebogenen Maul zu sehen, getarnt von weichen Tentakeln, *Cirri* genannt, die Zähnen gleichen.

Als reichten die hässlichen Züge noch nicht aus, um Räuber abzuschrecken, haben Himmelsgucker Giftstacheln

hinter der mit fleischigen Fortsätzen getarnten Mundöffnung und elektrische Organe über den Augen, mit denen sie Stromstöße abgeben. Um Beute anzulocken, strecken einige Himmelsgucker-Arten, die in temperiertem Wasser leben, die Zunge heraus und wackeln damit.

Puri Jati, Seririt, Bali. Indonesien, Java-See.
Nikon D2X + 60 mm, 1/165 bei F14

# Sandriffel in der Dämmerung

Sandbereiche variieren von kleinen »Sandtaschen« in Riffvertiefungen bis hin zu großen Plateaus zwischen Patchriffen. Riffe sind außerdem von Sandkanälen durchzogen; diese Sandströme wirken auf den ersten Blick unbeweglich, aber bei starkem Sturm »fließen« sie und transportieren große Mengen des kalkhaltigen Sandes über die Außenriffkante ins Tiefwasser.

Sandebenen haben oft geriffelte Strukturen, die auf den ersten Blick leblos erscheinen können. Nachts verwandeln sie sich jedoch, wenn viele Kreaturen auftauchen, um sich im Schutz der Dunkelheit auf Futtersuche zu begeben.

North Sound, Grand Cayman. Kaimaninseln, Karibisches Meer.
Nikon D2X + 10,5 mm, 1/80 bei F8

Ein Marmorschlangenaal (*Callechelys marmorata*) schießt aus dem Sand empor. Schlangenaale sind nachtaktive Jäger, die ihre Behausung nach Einbruch der Dunkelheit verlassen, um auf Beutefang zu gehen. Sie haben lange zylindrische Körperformen und einen spitzen Schwanz, der das Eingraben im Sand erleichtert. Dieses Exemplar habe ich in der Abenddämmerung im Roten Meer fotografiert, wo es plötzlich aus dem Sediment auftauchte, eine Sandwolke aufwirbelnd.

Nuweiba, Golf von Akaba. Ägypten, Rotes Meer.
Nikon D2X + 105 mm, 1/80 bei F14

# Rußkopf-Muräne in Weichkorallen

Obwohl die Steinkorallen das Riff bauen, tragen alle sessilen Wirbellosen zu der vielschichtigen biologischen Struktur bei und schaffen ein Mikro-Habitat für viele Arten. Weichkorallen haben keine große Erfahrung als Riffbildner, aber sie schaffen dennoch einen wichtigen Lebensraum, in diesem Fall für die Rußkopf-Muräne (*Gymnothorax flavimarginatus*).

Nuweiba, Golf von Akaba. Ägypten, Rotes Meer.
Nikon D2X + 10,5 mm + 1,5x TC, 1/20 bei F9

## Goldband-Süßlippe
## in der Strömung treibend

Diese Goldband-Süßlippe (*Plectorhinchus polytaenia*, 45 Zentimeter) lässt sich von der Strömung durch das Wrack des Frachters *USAT Liberty* treiben. Viele dreidimensionale Strukturen scheinen Fische anzuziehen, oftmals in Scharen. Befindet sich in der Nähe einer Mole, eines Schiffswracks oder eines natürlichen Riffs auch noch eine beachtliche Strömung, kann man mit einer Masseninvasion rechnen.

Tulamben-Bucht, Bali. Indonesien, Java-See.
Nikon D2X + 105 mm, 1/25 bei F7

## Demoiselle-Riffbarsche
## und Weichkorallen

Ein Schwarm Demoiselle-Riffbarsche (*Neopomacentru. cyanomos*) fischt Plankton vor den üppigen Weichkoral len. Das ist ein weiteres Beispiel für die zahllosen Verte braten und Invertebraten, die an der Korallenriffwand au herantreibendes Plankton warten. Als ich näher kam un die Demoiselles sich bedroht fühlten, flüchteten sie un suchten in dem dichten Weichkorallenstock Deckung.

Kaimana-Region, südliche Vogelkopf-Halbinsel. West-Papua, Indonesien.
Nikon D2X + 12–24 mm, 1/25 bei F7

## << Zwerg-Seepferdchen schwimmt über eine Flecht-Gorgonie

Diese Fotomontage zeigt vier Aufnahmen desselben Zwerg-Seepferdchens (*Hippocampus barbiganti*), das durch seine Wirtsgorgonie (*Muricella plectana*) schwimmt und sich anheftet. Zwerg-Seepferdchen sind optimal an das Leben auf dieser Gorgonien-Gattung angepasst; der Körper ist mit warzenähnlichen Tuberkeln bedeckt, die den Polypen der Koralle gleichen und eine hervorragende Tarnung bieten. Es gibt zwei Typen: die hier abgebildete mit roten und eine andere mit gelben Tupfen, beide auf die jeweilige Farbe ihrer *Muricella* abgestimmt.

Zwerg-Seepferdchen findet man meistens paarweise; oft bewohnen mehrere Paare dieselbe Wirtsgorgonie. Ursprünglich glaubte man, diese Art sei auf wenige Regionen beschränkt, doch inzwischen ist bekannt, dass sie im Tropengürtel des Westpazifiks von Malaysia im Westen bis Japan im Norden und Neukaledonien im Osten weit verbreitet sind.

Lembeh-Straße, Sulawesi. Indonesien, Molukkensee.
Nikon D100 + 105 mm, 1/180 bei F38 (m)

## > Spanische Tänzerin

Eine Nacktschnecke, die Spanische Tänzerin (*Hexabranchu. sanguineus*), überquert das Riff am Spätnachmittag. Si ist die größte Nacktschnecke auf dem Riff, wird mehr al 60 Zentimeter lang und ist nachtaktiv. Der Name leitet sic von ihrer Schwimmweise her: Der leuchtende wogend Körper gleicht dem Rock einer andalusischen Flamencotän zerin.

Die Spanische Tänzerin wird oft von Tauchern, die si hochheben, zum Schwimmen genötigt. Das schadet ih selten, ist aber ein Unart, zu der man nicht ermutigen soll te.

Nuweiba, Golf von Akaba. Ägypten, Rotes Meer.
Nikon D2X + 10,5 mm + 1,5 x TC, 1/15 bei F10

## ^ Springkrabbe

Eine seltene Springkrabbe (*Munida olivarae*) späht aus einem Loch im Riff. Die komplexe Riffstruktur bietet eine Fülle von Mikro-Lebensräumen, welche die Biodiversität fördern. Die Behausung dieser Springkrabbe wurde unter dem Überhang eines küstennahen Saumriffs in verdichtetes Sediment gegraben.

Fakfak-Region, südliche Vogelkopf-Halbinsel. West-Papua, Indonesien.
Nikon D2X + 105 mm, 1/250 bei F25

## Eine Nacktschnecke gleitet über eine Koralle

Eine Schwarzrand-Prachtsternschnecke (*Glossodoris atro-marginata*) gleitet über eine Kleinpolypige Steinkoralle *Porites*. Sie sucht nach Schwämmen, ihrer bevorzugten Nahrung, die sie mit ihrer bezahnten Raspelzunge, der Radula, verschlingt. Diese Spezies ist in der indopazifischen Region weit verbreitet. Die beiden Fühler an der Vorderseite werden Rhinophoren genannt und sind chemosensorische Organe.

Diese Spezies verteidigt sich wie viele Meeresschnecken, indem sie toxische Substanzen aus den von ihr verzehrten Schwämmen in ihrem Verdauungssystem neutralisiert und sie in fingerartigen Anhängen auf ihrem Rücken ablegt. Mindestens eine nahe Verwandte, die Prachtsternschnecke (*Glossodoris hikuerensis*), sondert einen chemischen Schleim ab, wenn sie sich bedroht fühlt, um Räuber abzuwehren.

Misool-Insel, Raja Ampat. Indonesien, Ceram-See.
Nikon D2X + 150 mm, 1/100 bei F10

## ∧ Ozeanischer Mondfisch

Ein ozeanischer Mondfisch (*Mola mola*) auf der Suche nach einer Putzerstation auf dem Korallenriff. Einige große pelagisch lebende Arten, einschließlich Bogenstirn-Hammerhai und Mantarochen, statten den Korallenriffen regelmäßig einen Besuch ab, um sich die Parasiten entfernen zu lassen. Auf den Riffen in der Straße von Lombok wird der Mondfisch von dem Bannerfisch (*Heniochus acuminatus*) und dem Imperator-Kaiserfisch (*Pomacanthus imperator*) geputzt.

*Mola mola* ist der schwerste Knochenfisch, den es gibt: Mit 3,1 Meter Länge, 4,2 Meter Höhe und einem Gewicht von 2,2 Tonnen hält er den Weltrekord. Er ist außerdem das reproduktivste Wirbeltier: Bei einem kleinen Weibchen wurden mehr als 300 Millionen Eier gefunden. *Mola mola* sind mit den Kugelfischen und Drückerfischen der Riffe verwandt und trotz ihrer Leibesfülle schnelle Schwimmer.

Nusa Penida, Straße von Lombok. Indonesien, Indischer Ozean.
Nikon D2X + 16 mm, 1/20 bei F7,1

# PUTZERSTATIONEN

## Putzerlippfisch und Fahnenbarsch

Ein junger Putzerlippfisch (*Labroides dimidiatus*) bedient einen weiblichen Juwelen-Fahnenbarsch (*Pseudanthias squamipinnis*). Symbiotisches Putzen ist im Wesentlichen aquatisch bedingt. An Land gibt es nur wenige Beispiele für enge, artübergreifende Putzer-Beziehungen, doch unter Wasser und vor allem im Riff sind sie allgegenwärtig. Ein Putzerlippfisch hat im Schnitt 2000 Klienten am Tag.

Es ist ein »Geschäft«, das auf Gegenseitigkeit beruht. Der Klientenfisch wird von Parasiten, toter Haut und losen Schuppen befreit. Der Putzerfisch profitiert von einer verlässlichen Nahrungsquelle, die ihm direkt vor die Haustür geliefert wird, und genießt eine gewisse Immunität gegen Räuber – zumindest während des Tages. Nachts sind Putzerfische stärker gefährdet und manche Putzerlippfische schlafen in einem Schleimkokon, um sich zu schützen. Putzerlippfische leben in Harems, bestehend aus einem großen Männchen und mehreren Weibchen; das abgebildete Exemplar ist noch ein Jungtier. Stirbt das Männchen, wechselt das größte Weibchen das Geschlecht und übernimmt den Harem.

Straße von Gubal, Golf von Suez. Ägypten, Rotes Meer.
Nikon F100 + 105 mm, 1/250 bei F11

## Putzergrundel und Glas-Großaugenbarsch

Eine Putzergrundel (*Gobiosoma genie*) bedient einen Glas-Großaugenbarsch (*Heteropriacanthus cruentatus*). In den atlantischen Riffen sind die Grundeln als Putzer unverzichtbar. Obwohl die Vorteile auf der Hand liegen, hat sich die Wissenschaft mit dem Nachweis schwergetan, dass Putzen zur Gesundheit der Riffgemeinschaft beiträgt; es wurde auch behauptet, dass diese Symbiose eher eine parasitische als eine mutualische Beziehung (zu beidseitigem Nutzen) ist.

Das widerspricht eindeutig den Beobachtungen unter Wasser, wo der Klientenfisch den Dienst äußerst bereitwillig in Anspruch nimmt. Wenn ein atlantischer Riff-Fisch im Aquarium gehalten wird, lernt er schnell, sich den indopazifischen Putzerlippfisch zunutze zu machen, ohne ihm in »freier Wildbahn« jemals begegnet zu sein.

East End, Grand Cayman. Kaimaninseln, Karibisches Meer.
Nikon D2X + 105 mm, 1/125 bei F14

## Putzerlippfisch im Maul einer Süßlippe

Ein Putzerlippfisch (*Labroides dimidiatus*) arbeitet im Maul einer Goldband-Süßlippe (*Plectorhinchus polyaenia*). In der Natur sind alle Lebewesen hochgradig wettbewerbsorientiert und stets darauf erpicht, der andersgearteten Konkurrenz »ein Schnippchen zu schlagen« und jeden Vorteil zu nutzen. Ein klassisches Beispiel in der Putzsymbiose ist der falsche Putzerfisch, der sich kaum von einem echten Putzerlippfisch unterscheiden lässt und seine Tarnung nutzt, um einen Fisch in Sicherheit zu wiegen, bevor er ihm zu Leibe rückt und gesunde Fleischbrocken wegschnappt!

Der echte Putzerlippfisch ist keineswegs ein Engel: Studien haben gezeigt, dass ihm gesunde Fischhaut und Schuppen ebenfalls lieber sind als die aufgeklaubten Parasiten. Auf dem Wrack der *USAT Liberty* in Tulamben hatte der Putzerlippfisch sogar gelernt, am Ohr vorbeischwimmender Taucher zu knabbern, um sich eine kostenlose Mahlzeit zu verschaffen – ich stand gleich zwei Mal auf seiner Speisekarte!

Tulamben-Bucht, Bali. Indonesien, Java-See.
Nikon D2X + 105 mm, 1/25 bei F7,1

## Partnergarnele begibt sich in das Maul eines Zackenbarsches

Eine Pedersons-Partnergarnele (*Periclemenes pedersoni*) begibt sich in das geöffnete Maul eines Nassau-Zackenbarsches (*Epinephelus striatus*), um Parasiten zu entfernen. Mund und Kiemen der Fische werden oft von Parasiten befallen, weil diese stark durchblutet sind. Da viele Putzer klein sind, können sie problemlos in diese Bereiche vordringen.

Einige Invertebraten, vor allem Garnelen, sind ungemein fleißige Putzer. Diese Partnergarnele schlägt rhythmisch mit den langen weißen Antennen (Fühlern), um auf sich aufmerksam zu machen und potenzielle Klienten zu gewinnen. Putzerlippfische werben mit einem deutlich erkennbaren »Hüpftanz« für ihre Dienste.

George Town, Grand Cayman. Kaimaninseln, Karibisches Meer.
Nikon D2X + 105 mm, 1/80 bei F7,1

## ‹ Steinfisch im Geröll

Der Steinfisch (*Synanceia verrucosa*) hat im Geröll einen
Hinterhalt gelegt. Die Camouflage ist wichtig für einen
Lauerjäger. Steinfische sehen Korallenklumpen oder Felsen zum Verwechseln ähnlich und sind an ihrer Form kaum
als Fisch zu erkennen. Die Tarnung des Steinfisches wird
durch den Algenbewuchs auf seiner schuppenlosen Haut
noch verstärkt. Er klappt sein höhlenartiges Maul auf, im
Foto links, und verschlingt seine Beute in Millisekunden.
Der Steinfisch ist durch 13 spitze Rückenflossenstacheln
geschützt, durch die er ein starkes Gift injiziert, das
stärkste von allen Fischen. Im Gegensatz zum Skorpion-
fisch, dessen Stacheln von giftigen Substanzen umman-
telt sind, besitzt der Steinfisch mit Giftdrüsen verbundene Hohlstacheln. Steinfisch-Stiche sind folgenschwer
und können sogar für einen Menschen tödlich sein. Und
obwohl 1959 ein Gegengift entwickelt wurde, ist es nur
an wenigen Tauchplätzen erhältlich.

Seraya, Tulamben-Region, Bali. Indonesien, Java-See.
Nikon D2X + 10,5 mm, 1/15 bei F8

## Rotfeuerfisch auf der Jagd

Ein Rotfeuerfisch (*Pterois volitans*) ist ein Musterbeispiel für einen vollkommen konzentrierten Jäger. Er treibt seine Beute langsam in die Enge, normalerweise mit den aufgefächerten Brustflossen. Diese für einen Fisch ungewöhnliche Körperform könnte eine Tarnung sein oder nur dazu dienen, die Beute sicherzustellen.

Sobald diese nahe genug ist, schlägt der Rotfeuerfisch zu: Er zieht die Flossen zurück, sodass er nach vorne schnellt und mühelos einen kleinen Fisch verschlingen kann. Diese Aufnahme von einem Rotfeuerfisch entstand auf einem schlammigen Flachriff, daher das grün gefärbte Wasser.

Salawati-Insel, Raja Ampat. Indonesien, Ceram-See.
Nikon D2X + 105 mm, 1/20 bei F9

## > Clown-Anglerfisch

Der gelbe Clown- oder Warzen-Anglerfisch (*Antennarius maculatus*) ist ein nahezu perfekter Riff-Lauerjäger. Clown-Anglerfische verfügen über verblüffende Camouflage-Techniken: Sie ahmen sogar Schwämme mit dunklen, kreisrunden Scheinporen am Körper nach. Sie kommen in unterschiedlicher Färbung vor und können binnen weniger Wochen mehrmals die Farbe wechseln, um sie einem bestimmten Wirtsschwamm anzupassen.

Von den drei Hartstrahlen der Rückenflosse ist die erst zur Angel umgebildet, mit der sie wedeln, um Beute an zulocken. Anglerfische schlagen noch blitzartiger al Steinfische zu – sie brauchen nur sechs Millisekunden.

Seraya, Tulamben-Region, Bali. Indonesien, Java-See.
Nikon D2X + 105 mm, 1/250 bei F29

## Fransen-Teppichhai mit Kardinalbarschen

Ein Fransen-Teppichhai (*Eucrosorrhinus dasypogon*) mit erlesener Zeichnung und unidentifizierten Kardinalbarschen (*Apogon sp.*). Das ungewöhnliche Aussehen des Fransen-Teppichhais ist eine Herausforderung für das Vorstellungsbild, das wir uns von Haien machen. Diese Teppichhai-Art geht nachts auf Nahrungssuche und lauert tagsüber kleinen Fischen auf, die sich zu nahe heranwagen.

Die unregelmäßige Zeichnung des Fransen-Teppichhais kaschiert seine Silhouette ähnlich wie ein militärischer Tarnanzug. Der Kopf ist von Hautlappen bedeckt, die Zweigen gleichen und ebenfalls zum Täuschungsmanöver beitragen.

Kaimana-Region, südliche Vogelkopf-Halbinsel. West-Papua, Indonesien.
Nikon D2X + 17–55 mm, 1/20 bei F88

## ⌃ Büschelbarsch-Paar

Ein Forsters-Büschelbarsch-Paar (*Paracirrhites forsteri*) auf einer Feuerkoralle (*Millepora sp.*). Forsters-Büschelbarsche leben normalerweise solitär, da Räuber die besten Chancen haben, Beute zu fangen, wenn sie allein auf die Jagd gehen. Wie die meisten Lauerjäger sind sie ziemlich inaktiv, um Energie zu sparen.

Zur Paarung finden sie sich zusammen. Das Männchen folgt dabei dem Weibchen seiner Wahl in dichtem Abstand, das zwischen mehreren »Hochsitzen« hin und her wechselt – ein Teil des abendlichen Balzrituals. Beim Ablaichen verlassen sie blitzschnell das Riff in Richtung Freiwasser, wobei sie Eier und Sperma ausstoßen. Dieser Akt vollzieht sich so schlagartig, dass mir bisher noch kein anständiges Foto gelungen ist; meistens war der Kopf oder Schwanz des davoneilenden Fisches »abgeschnitten«.

Straße von Tiran, Golf von Akaba. Ägypten, Rotes Meer.
Nikon D2X + 150 mm, 1/100 bei F8

## Krokodilfisch und Taucher

Ein Braunkopf-Krokodilfisch (*Cymbacephalus beauforti*) hat so großes Vertrauen in seine Camouflage, dass er reglos daliegt, während ein Taucher ihn beobachtet. Die Lauerjagd ist nur eine von fünf Jagdstrategien auf dem Riff. Zu den weiteren gehören die Verfolgungsjagd wie bei Stachelmakrelen üblich; die Habituationsmethode der Zackenbarsche, die sich so lange unter ihre Beute mischen, bis sie nicht länger als Bedrohung empfunden werden; das Einkreisen der Beute wie bei den Muränenaalen, die sich in Riffspalten verstecken; und die Schleichjagd der Trompetenfische, die sich ihren Opfern langsam nähern. Diese Techniken schließen sich nicht gegenseitig aus und einige Arten wenden mehrere an.

Bis zu 60 Prozent der Riff-Fisch-Arten sind Carnivoren (Fleischfresser) und viele gehören zu den Piscivoren: zwischen acht und 53 Prozent ernähren sich von anderen Fischen.

Mabul-Insel, Sabah. Malaysia, Sulawesi-Meer.
Nikon D2X + 10,5 mm, 1/20 bei F11

## Trompetenfisch mit Taucher

Der Westatlantische Trompetenfisch (*Aulostomus maculatus*) versteht es meisterhaft, sich an seine Beute heranzupirschen, und verwendet verschiedene Taktiken, um sie zu fangen. Der lange schmale Räuber tarnt sich als verzweigte Weichkoralle oder Röhrenschwamm und schließt sich außerdem pflanzenfressenden Fischschwärmen an, um sich seinen arglosen Opfern zu nähern.

Eine andere bekannte Strategie ist die sogenannte Schattenjagd: Der Trompetenfisch schwimmt dabei dicht neben einem größeren Fisch, der ihm Deckung gibt und bei seiner Beute nicht als Bedrohung gilt, sodass er nahe genug herankommt, um zuzuschlagen.

Der Trompetenfisch auf diesem Foto benutzte meinen Freund und mich als Deckung für die Schattenjagd. Er klebte regelrecht an uns, als wir das Riff erkundeten, und preschte hin und wieder vor, um einen kleinen Fisch zu fangen.

Nordwand, Grand Cayman. Kaimaninseln, Karibisches Meer.
Nikon D2X + 12–24 mm, 1/40 bei F9

# Der gehende Hai

Riffe stecken voller Überraschungen. Diese bisher unbeschriebene Spezies des Epaulettenhais (*Hemiscyllium sp.*) wurde erst 2006 von Forschern entdeckt. Er ist ungefähr einen Meter lang und stellt sich auf seine Brust- und Bauchflossen, um sich ähnlich wie eine Eidechse über den Riffboden zu schlängeln, auf der Jagd nach Mollusken und Schalentieren.

Die geografische Isolierung einer Population ist ein wichtiger Mechanismus der Spezifikation. Der Epaulettenhai gehört zu einer kleinen Gruppe benthisch (auf dem Meeresboden) lebender Haie, die in den Flachwasserregionen rund um Australien, Papua-Neuguinea und Ostindonesien beheimatet sind. Die Haie verankern ihre Eier mit Filamenten am Riff und die Jungen schlüpfen als Minia-

turversion der adulten Tiere (15 Zentimeter). Da sich weder die verankerten Eier noch die langsam gehenden Haie weit fortbewegen, können die Populationen durch die komplexe Geografie, das Tiefwasser und die starken Strömungen des indonesischen/papuanischen Archipels isoliert werden. Das hat zur Folge, dass sie sich nur langsam verändern, an ihre spezifischen Lebensbedingungen anpassen und durch die genetische Abweichung regional unterschiedliche Arten hervorbringen.

Kaimana-Region, südliche Vogelkopf-Halbinsel. West-Papua, Indonesien.
Nikon D2X + 10,5 mm + 1,5x TC, 1/160 bei F16

## ⌃ Gehender Hai, auf Brustflossen gestützt

Dieses Foto zeigt, wie hoch der gehende Hai den Kopf vom Meeresgrund hebt, wenn er sich auf seine Brustflossen stützt. In der ganzen Zeit, in der diese Aufnahmen entstanden, ist mir kein einziger gehender Hai begegnet,

## Zitronen-Stachelmakrele
## jagt Fischschwarm

Eine Zitronen-Stachelmakrele (*Carangoides bajad*) taucht
in die geschlossenen Reihen eines Fischschwarmes ein,
um die Formation zu stören und einige Mitglieder ab-
zusondern. Dieses Exemplar hat während der Jagd eine
schwarze Färbung angenommen, doch normalerweise
sind diese Fische silbrig oder goldfarben.

Zitronen-Stachelmakrelen sind hervorragend angepasste
Riffräuber, die sich oft kleinen Gruppen anschließen. Im
Roten Meer habe ich beobachtet, wie sie aus wandernden
Masken-Kugelfisch-Schwärmen (*Arothron diademetus*)
hervorschnellten, in denen sie sich versteckt hatten, um
Beute zu fangen. An beliebten Tauchplätzen benutzen sie
Taucher als Deckung und verbergen sich unweit der Sau-
erstofftanks, bevor sie einem Fisch nachstellen.

Misool-Insel, Raja Ampat. Indonesien, Ceram-See.
Nikon D2X + 12–24 mm, 1/25 bei F8

## Stachelmakrele und Tarpun
## jagen Ährenfische

Die Schwarze Stachelmakrele (*Caranx lugubris*) und ein
Atlantik-Tarpun (*Megalops atlanticus*) jagen mit vereinten
Kräften Ährenfische, die sich in einer Grotte des Riffs
eingefunden haben. Die gemeinsame Jagd ist in Riffen
üblich und oft ermutigen die Aktivitäten eines Räubers
andere, sich ihm anzuschließen.

Schwarze Stachelmakrelen sieht man selten in karibischen Riffen, außer, wenn sich Ährenfische dort sam-
meln. Die Schwarze Stachelmakrele ist eine Tiefwasser-
spezies; vielleicht wird sie von dem Lärm, den die
schwarmbildenden Fische verursachen, ins Flachwasser
gelockt. Die Schwarmbildung ist eine Verteidigungsstra-
tegie, doch in diesem Fall vergrößert sie möglicherweise
den sogenannten predatorischen Druck.

East End, Grand Cayman. Kaimaninseln, Karibisches Meer.
Nikon D2X + 16 mm, 1/20 bei F8

127

Eine Echte Karettschildkröte (*Eretmochelys imbricata*), die
gerade Weichkorallen frisst, blickt hoch. Die Kost der
Karettschildkröten variiert. Im Roten Meer bevorzugen
sie Weichkorallen, während sie sich in anderen Regionen
hauptsächlich von Riffschwämmen ernähren. Karettschildkröten nutzen das saisonal bedingte Nahrungsangebot, z.B. die Quallenblüte. Sehr junge Karettschildkröten fressen Plankton und Algen im offenen Meer.
Karettschildkröten gehören zu den kleineren Meeres-
schildkröten, die in der Regel etwa einen Meter lang und
80 Kilo schwer werden. Sie leben 30 bis 50 Jahre und es
dauert mutmaßlich 20 Jahre, bis die Geschlechtsreife
eintritt. Obwohl in Riffen auch noch andere Schildkröten-
Arten siedeln, gelten Echte Karettschildkröten als die
wahren Spezialisten der Riffregion.

Ras Mohammed, Sinai. Ägypten, Rotes Meer.
Nikon D2X + 10,5 mm, 1/60 bei F4,5

## ⌃ Echte Karettschildkröte, kauend

Die Echte Karettschildkröte frisst Schwämme und Weichkorallen, obwohl sie Toxine und unverdauliche Skelettsta-
cheln besitzen. Schwämme sind mit Spicula (Silikana-
deln) und Weichkorallen mit Skleriten (Kalknadeln oder
-platten) bewehrt, die der Abschreckung von Räubern
dienen. Karettschildkröten vertilgen so viele Schwämme,
dass mehr als die Hälfte des Inhalts, der sich in ihrem Verdauungssystem befindet, aus Silika – Quarzglasfragmen-
ten – bestehen könnte. Wie sie die hochgiftigen Chemika-
lien neutralisieren, ist ungeklärt. Als eine der wenigen
Tierarten, die diese Spezies der Wirbellosen abfressen,
schaffen die Karettschildkröten Platz und beeinflussen
die Abfolge der Arten in der sessilen Gemeinschaft.

Nuweiba, Golf von Akaba. Ägypten, Rotes Meer.
Nikon D2X + 28–70 mm, 1/1 bei F8

# Pfeilgrundel

Die Pfeilgrundel (*Lucayablennius zingaro*) gehört zu den kleinsten Riffräubern; sie wird nur drei Zentimeter lang. Der Angriff dieser winzigen Fischfresserin ist tödlich: sie bewegt sich mit nur einer Brustflosse und abgeknicktem Schwanz nach der »Stop-and-go«-Methode, bis sie sich zehn bis 15 Zentimeter von ihrer Beute entfernt befindet. Dann klappt der Schwanz zurück und der stromlinienförmige Körper schnellt nach vorne, um Grundeln zu fangen, die fast so groß sind wie sie.

Die Pfeilgrundel hält sich oft in der Nähe von Schwärmen der Schwebegrundel (*Coryphopterus personatus*), ihrer bevorzugten Beute, unweit der Spitze der Riffwand auf. Wenn sie sich bedroht fühlt, zieht sie sich in leere Wurmröhren zurück, doch die Anwesenheit von Tauchern macht ihr im Allgemeinen nichts aus.

Westwand, Grand Cayman. Kaimaninseln, Karibisches Meer.
Nikon F100 + 105 mm, 1/250 bei F11

## Kannibalismus oder Revierverteidigung?

Zunächst dachte ich, ich hätte einen Fall von Kannibalismus unter Grundeln fotografiert; später entdeckte ich jedoch, dass die Grundeln verschiedenen Arten angehören. Das größere Exemplar ist eine Gelbschnauzengrundel (*Elacatinus louisae*), das kleine eine Putzergrundel (*Gobiosoma genie*).

Ging es bei diesem Angriff nur um das Fressen? Studien über Putzergrundeln haben gezeigt, dass ihre Bäuche fast vollständig mit parasitischen Isopoden gefüllt sind. Vielleicht war dieser Angriff vielmehr der Versuch, ein erstklassiges Revier zu verteidigen.

Eindeutig beantworten kann ich die Frage nicht. Doch das ist einer der Gründe, warum der Besuch von Korallenriffen süchtig machen kann – es gibt immer neue Dinge zu entdecken und zahlreiche unbeantwortete Fragen.

Nordwand, Grand Cayman. Kaimaninseln, Karibisches Meer.
Nikon D2X + 105 mm, 1/250 bei F14

## Gespensterkrebschen frisst Wurm

Ein Gespensterkrebschen (*Caprellidae*) fängt und verzehrt einen Borstenwurm. Gespensterkrebse sind Kolonien bildende Flohkrebse (Amphipoden) und richten sich mit den Hinterbeinen auf. Am häufigsten sieht man sie auf Hydroiden. Diese Kolonie befand sich auf einer Gorgonie. Dieses Exemplar, weniger als zwei Zentimeter lang, hält einen nachtaktiven planktonischen Wurm in seinen Fängen, die denen einer Gottesanbeterin gleichen. Der Wurm wurde vermutlich durch meine Tauchlampe angelockt.

Misool-Insel, Raja Ampat. Indonesien, Ceram-See.
Nikon D2X + 105 mm, 1/250 bei F22

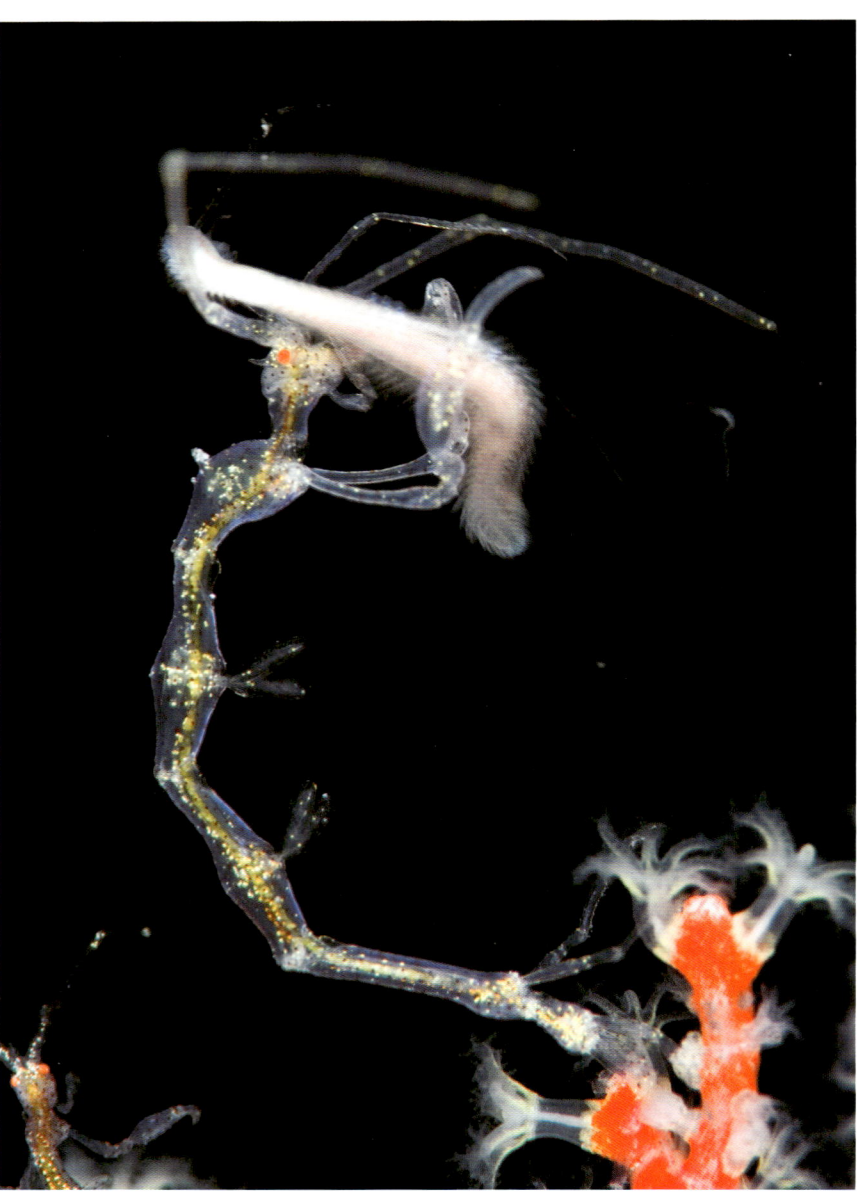

## Junge Seitenstreifenmakrelen begleiten einen Riffhai

Zwei junge Seitenstreifenmakrelen (*Caranx ruber*) gleiten auf der Bugwelle dahin, die ein Karibischer Riffhai (*Carcharhinus perezi*) erzeugt. Ihre an Selbstmord grenzende Tollkühnheit macht Sinn, denn sie sparen Energie, wenn sie sich von der Druckwelle des Hais anschieben lassen. Obwohl die Seitenstreifenmakrelen vor dem Hai schwimmen, könnte man sagen, dass sie ihm folgen, denn sie sind imstande, selbst auf den geringfügigsten Richtungswechsel zu reagieren: Dank ihrer Seitenlinienorgane nehmen sie jede Bewegung wahr, genau so, als befänden sie sich in ihrem arteigenen Schwarm.

East-End-Wall, Grand Cayman. Kaimaninseln, Karibisches Meer.
Nikon D2X + 28–70 mm, 1/80 bei F4,5

## > Tigerhai unter der Wasseroberfläche

Die Rückenflosse eines großen Tigerhais (3,5 Meter) (*Galeocerdo cuvier*) durchbricht die Wasseroberfläche. Tigerhaie sind die größten Räuber der Korallenriffe; sie werden erst mit zehn Jahren geschlechtsreif und sind 14–16 Monate trächtig. Die ungeborenen Jungen werden im Mutterleib von einem Sekret, der sogenannten Uterinmilch, ernährt.

Wenn Autoren über Tigerhaie schreiben, schildern sie meistens genüsslich die Einzelheiten ihres vielschichtigen Nahrungsspektrums, insbesondere die seltsamen Gegenstände, die in ihrem Magen gefunden wurden, z. B. Dosen, Flaschen, Nummernschilder und sogar ein Geflügelkorb. Daran sieht man, wie wenig wir über das Leben von Tigerhaien wissen und dass ein Großteil unserer Kenntnisse vom Sezieren toter Tiere stammt.

Kleine Bahama-Bank. Bahamas, Westatlantik.
Nikon D2X + 10,5 mm, 1/3 bei F20

# ANEMONENFISCHE

Dieses Samtanemonenfisch-Paar (*Premnas biaculeatus*) scheint ein paradiesisches Leben zu führen. Die beiden haben den Reichtum des Korallenriffs vor der Haustür und wenn Gefahr droht, können sie Schutz in ihrer Anemone suchen.

Die mit Nesseln bewehrte Anemone mag einen sicheren Unterschlupf vor Räubern bieten, doch die Idylle trügt, denn in der Anemonenfisch-Gesellschaft, die sie zwischen ihren Tentakeln beherbergt, sind Aggressionen an der Tagesordnung. Anemonenfische leben in einem komplexen Feudalsystem, das ihnen von einer dominanten Matriarchin aufgezwungen wird. Der größte Fisch in einer Anemone ist weiblich, der zweitgrößte männlich und die restlichen Fische, sofern vorhanden, sind noch unausgereift.

Der Größenunterschied zwischen den Geschlechtern ist beim Samtanemonenfisch besonders augenfällig: Hier ist das Weibchen sieben Mal größer als das Männchen.

Misool- Insel, Raja Ampat. Indonesien, Ceram-See.
Nikon D2X + 12–24 mm, 1/60 bei F9

## Kampf gegen Nemo

Ein weiblicher Rotmeer-Anemonenfisch (*Amphiprion bicinctus*) bestätigt seine Dominanz über ein Männchen. Die Aggression ist eine Strategie, die alle Fische auf ihren Platz in der Hierarchie verweist. Das Weibchen steht an der Spitze der Rangordnung, während das Männchen seine Überlegenheit gegenüber den unreifen Fischen demonstriert. Die kleinen Fische verbringen so viel Zeit mit dem Versuch, der Tyrannei zu entgehen, dass es ihnen schwerfällt, genug Futter zu beschaffen, um zu wachsen. Trotz ihrer Größe sind die kleinsten Fische in der Anemone nicht immer jung. Die starre soziale Hierarchie beeinträchtigt das Wachstum und die Geschlechtsreife. Wie viele Riff-Fische kann auch der Anemonenfisch im Lauf seines Lebens das Geschlecht wechseln, und wenn das Weibchen stirbt, übernimmt das Männchen seine Rolle. Binnen kürzester Zeit verlieren die männlichen Hoden ihre Funktionstüchtigkeit und die Eierstöcke werden aktiv. Der Part des Männchens wird dann von einem der Jungfische übernommen und alle anderen Fische steigen auf der sozialen Leiter eine Stufe nach oben.

Straße von Gubal, Golf von Suez. Ägypten, Rotes Meer.
Nikon D2X + 60 mm, 1/60 bei F9

## ⌄ Rotmeer-Anemonenfisch-Paar

Ein Paar oder zwei Rotmeer-Anemonenfische (*Amphiprion bicinctus,* 15 Zentimeter) erheben sich angriffslustig aus ihrer Anemone, um mir entgegenzuschwimmen. Anemonenfische verteidigen ihre Anemone aggressiv, wobei ihre feindselige Haltung während der Brutzeit noch ausgeprägter ist.

Man trifft häufig auf Anemonenfische, die ihre Eier bewachen; diese werden auf dem nackten Gestein abgelegt, oft unter einer Falte in ihrer Wirtsanemone. Im Gegensatz zu den meisten anderen Mitgliedern der Riffbarschfamilie teilen sich Männchen und Weibchen die Aufgabe, das Gelege zu säubern, zu verteidigen und zu belüften. Nach fünf bis sieben Tagen schlüpfen die Jungen – der ganze Prozess lässt sich während eines normalen Tauchurlaubs verfolgen.

Scharm El-Scheich, Golf von Akaba. Ägypten, Rotes Meer.
Nikon D2X + 105 mm, 1/125 bei F9 (m)

## Clarks-Anemonenfisch in Tentakeln

Ein Clarks-Anemonenfisch (*Amphiprion clarkii*) vergräbt sich in den schützenden, mit Nesseln bewehrten Tenakeln seiner Wirtsanemome. Es gibt 20 Anemonenfisch-Arten in der indopazifischen Region, auf zehn Anemonenarten verteilt. Einige Anemonenfische siedeln ausschließlich in einer bestimmten Anemonenart, wie der Samtanemonenfisch (*Premnas biaculeatus*), der stets mit der Blasenanemone (*Entacmaea quadricolor*) eine Lebensgemeinschaft bildet. Der Clarks-Anemonenfisch ist die geografisch am weitesten verbreitete Spezies, die sich in allen zehn Anemonenarten heimisch fühlt.

Misool-Insel, Raja Ampat. Indonesien, Ceram-See.
Nikon D2X + 150 mm, 1/80 bei F7,1

# Gorgonie und Fischschwarm

Eine Gorgonie (*Elisella sp.*) und ein Schwarm Füsiliere (*Caesio sp.*) gedeihen in den planktonreichen Gewässern dieses Küstenriffs. Gorgonien haben starke und zugleich biegsame Skelette aus einem hornähnlichen Protein namens Gorgonin. Das Skelett ist von Polypen bedeckt, die benutzt werden, um kleine Plankton-Organismen zu fangen.

Füsiliere sind größer als die meisten planktivoren Fische am Riff und deshalb weniger von Räubern bedroht. Sie haben die Möglichkeit, Futterplätze in größerer Entfernung vom Riff aufzusuchen, und daher beim Planktonfang die erste Wahl.

Kaimana-Region, südliche Vogelkopf-Halbinsel. West-Papua, Indonesien.
Nikon D2X + 16 mm, 1/30 bei F8

# Zwerghähnchen-Porträt

Das kleine Zwerghähnchen (*Helcogramma striata*, drei Zentimeter) ist ein territorialer Fisch, der normalerweise auf Schwämmen oder in Riffbereichen mit Seescheiden-Bewuchs siedelt und sein Revier aggressiv verteidigt. Die Farben der meisten Zwerghähnchen sind der Tarnung wegen gedeckt und halb durchsichtig, doch dieses Exemplar ist bunt, vermutlich eine wirksame Camouflage in seinem farbenprächtigen Mikro-Habitat. Diese Spezies lebt in kleinen Gruppen und ernährt sich von Zooplankton.

Seraya, Tulamben-Region, Bali. Indonesien, Java-See.
Nikon D2X + 105 mm, 1/250 bei F25

## ⌄ Ährenfisch-Refugium in einer Höhle

Ährenfisch-Schwärme (*Atherinidae*) bestehen aus mehreren Arten fünf Zentimeter langer, heringsähnlicher Fische, die sich zu großen Sozialverbänden zusammenschließen, um Schutz zu finden. Ihre reflektierenden Schuppen und ihre schiere Anzahl blenden und verwirren Räuber. Für uns sind sie ein Anblick, der verzaubert, wenn sie in den Lichtstrahlen tanzen und sich dabei im Gleichklang bewegen, als wären sie eins.

Die Schwarmbildung ist ein weitverbreitetes Verhalten bei Fischen; ungefähr die Hälfte aller Arten schließt sich zu irgendeinem Zeitpunkt ihres Leben einer Zweckgemeinschaft an, sei es zur Verteidigung, Futtersuche oder Paarung. Doch wann wird aus dieser Zweckgemeinschaft ein Schwarm? Alle Fische, die über einen längeren Zeitraum zusammenbleiben, bilden einen Sozialverband; ein polarisierter Schwarm entsteht erst dann, wenn sich alle Fische synchron in eine gemeinsame Richtung bewegen. Verband und Schwarm können beide aus verschiedenen Fischarten bestehen, doch die Schwarmbildung setzt voraus, dass die Mitglieder in etwa die gleiche Größe und Geschwindigkeit beim Schwimmen haben.

East End, Grand Cayman. Kaimaninseln, Karibisches Meer.
Nikon D2X + 16 mm, 1/160 bei F8

## > Kupferschnapper-Schwarm

Große Kupferschnapper (*Lutjanus bohar*, 70 Zentimeter) haben einen beeindruckenden Schwarm zum Ablaichen gebildet. Das Massenablaichen kann täglich oder ein Mal im Jahr stattfinden. Tägliches Ablaichen ist bei Arten gebräuchlich, die nur kurze Entfernungen zurücklegen, um in der Dämmerung Eier und Sperma auszustoßen. Am jährlichen Massenablaichen nehmen häufig Fische teil, die im Alleingang eine Strecke zwischen zehn und einigen 100 Kilometern bewältigen und Tage oder Wochen gebraucht haben, um ihren Brutplatz zu erreichen. Das Massenablaichen konzentriert sich auf bestimmte, alt-hergebrachte Regionen; diese Schnapper finden sich ein Mal im Jahr, zu Beginn des Sommers, in Ras Mohammed an der Spitze der Sinai-Halbinsel ein.

Bedauerlicherweise ist diese Regelmäßigkeit, mit der das Massenablaichen stattfindet, auch für Fischer vorhersehbar, und viele Raubfische, die von weit her gekommen sind, fallen ihnen zum Opfer. Zum Glück schützt der Nationalpark Ras Mohammed diese besonderen Fische.

Ras Mohammed, Sinai. Ägypten, Rotes Meer.
Nikon D2X + 16 mm, 1/50 bei F5

> Barrakuda-Schwarm

## Barrakuda-Schwarm

Dunkelflossen-Barrakudas (*Sphyraena genie*). Selbst große Spezies wie der Barrakuda profitieren von der Schwarmbildung, um sich vor Feinden zu schützen. Diese Strategie, in der Menge unterzutauchen, hat mehrere Vorteile: Für die Mitglieder des Schwarms verringert sich die Gefahr, gefressen zu werden; Räuber haben es schwerer, einen einzelnen Fisch ins Visier zu nehmen; eine große Ansammlung von Beutetieren läuft seltener Gefahr, aus Unachtsamkeit mit einem Feind in Berührung zu kommen, und selbst dann sind die meisten Fische in der Lage, rechtzeitig auszuweichen, basierend auf den Bewegungen der anderen Fische.

Ras Mohammed, Sinai. Ägypten, Rotes Meer.
Nikon D2X + 12–24 mm, 1/30 bei F7,1

## ⌃ Blaustreifen-Schnapper

Viele Schnapper-, Knurrfisch- und Süßlippen-Arten sind nachtaktive Jäger, sie verbringen den Tag in Schwärmen am Riff und zerstreuen sich bei Nacht, um zu fressen. Diese Tagesschwärme gleichen einem »Schlafsaal«, in dem die Fische in schützender Formation eine Ruhepause einlegen, bevor sie sich nach Einbruch der Dunkelheit wieder auf Beutefang begeben. Dieser Schwarm besteht aus 20 Zentimeter langen Blaustreifen-Schnappern (*Lutjanus kasmira*).

Die genaue Abmessung des Raumes, der jedem einzelnen Fisch zur Verfügung steht, und die präzisen, synchronen Bewegungen des Schwarms werden hauptsächlich durch Blickkontakt gesteuert, obwohl die Seitenlinien, ein sensorischer »Bewegungsmelder«, gleichermaßen wichtig sind.

Ari-Atoll, Malediven. Nordindischer Ozean.
Nikon D2X + 10,5 mm, 1/60 bei F9

## « Zwerg-Seepferdchen auf Gorgonienfächer

Die Fotomontage des Denise-Zwerg-Seepferdchens (*Hippocampus denise*) auf der Fächerkoralle (*Subergorgia mollis*) zeigt die bemerkenswerte Camouflage der beiden, eine optimale Anpassung an ihre Umgebung. Der Körper des Zwerg-Seepferdchens misst weniger als einen Zentimeter. Die tödliche Bedrohung durch Räuber ist die treibende Kraft hinter vielen morphologischen und Verhaltensanpassungen der Riffbewohner, doch dieser Effekt muss stets gegen die Nahrungs- und Paarungsbedürfnisse in die Waagschale geworfen werden.

Die Camouflage ermöglicht vielen Lebewesen, der Aufmerksamkeit von Räubern zu entgehen, doch diese Strategie hat ihren biologischen Preis. Die Seepferdchen rühren sich in ihrer verzweigten Fächerkoralle kaum vom Fleck, was die Chancen der Nahrungssuche und Reproduktion mindert.

Misool-Insel, Raja Ampat. Indonesien, Ceram-See.
Nikon D2X + 12–24 mm, 1/30 bei F7,1 (m)

## ⌄ Stacheliger Teufelsfisch

Der Stachelige Teufelsfisch (*Inimicus didactylus*) sieht wie ein Klumpen abgestorbener Korallen aus; oft wachsen Algen auf seiner schuppenlosen Haut. Er gräbt sich regelmäßig im Sand ein, sodass nur Augen und Mund herausragen, oder bewegt sich auf seinen hartstrahligen Brustflossen im Zeitlupentempo über den Sand. Solche Tarnmanöver sind eine hervorragende Primärverteidigung, aber keine große Hilfe, wenn er von einem Räuber entdeckt wird. Als zusätzliche Waffe hat er spitze giftige Stacheln auf dem Rücken.

Wenn er bedroht wird, legt er seine gewohnte »Tarnkleidung« ab und wechselt zu grellen Farben über, die als Warnung dienen und an der Unterseite der Brustflosse und auf dem Schwanz verborgen sind. Diese Farben signalisieren, dass die Stacheln giftig sind.

Lembeh-Straße, Sulawesi. Indonesien, Molukkensee.
Nikon D100 + 60 mm, 1/30 bei F22

## Sekretärinnen-Blennyfische, Bohrschwamm und Schwamm-Krustenanemone

Ein Sekretärinnen-Blennyfisch (*Acanthemblemaria maria*, vier Zentimeter) in einem Bohrschwamm (*Cliona sp.*), der von einer Schwamm-Krustenanemone (*Parazoanthus parasiticus*) bedeckt ist. Röhren-Blennys leben in den Bohrlöchern von Würmern auf dem Riff und suchen auf herkömmliche Weise Schutz in den eigenen vier Wänden. Die Zweckgemeinschaft zwischen Schwämmen und Zoanthiden soll beiden Partnern Schutz bieten. Die Zoanthiden profitieren, weil nur wenige Arten das giftige Fleisch des Schwamms verdauen können, und der Schwamm ist durch die Nesselkraft der Krustenanemonen vor Räubern gefeit. Außerdem erzeugt der Schwamm Nahrungsströme, die den regelmäßig verteilten Zoanthiden bei der Futterbeschaffung helfen.

West-Seite, Grand Cayman. Kaimaninseln, Karibisches Meer.
Nikon D2X + 60 mm, 1/250 bei F18

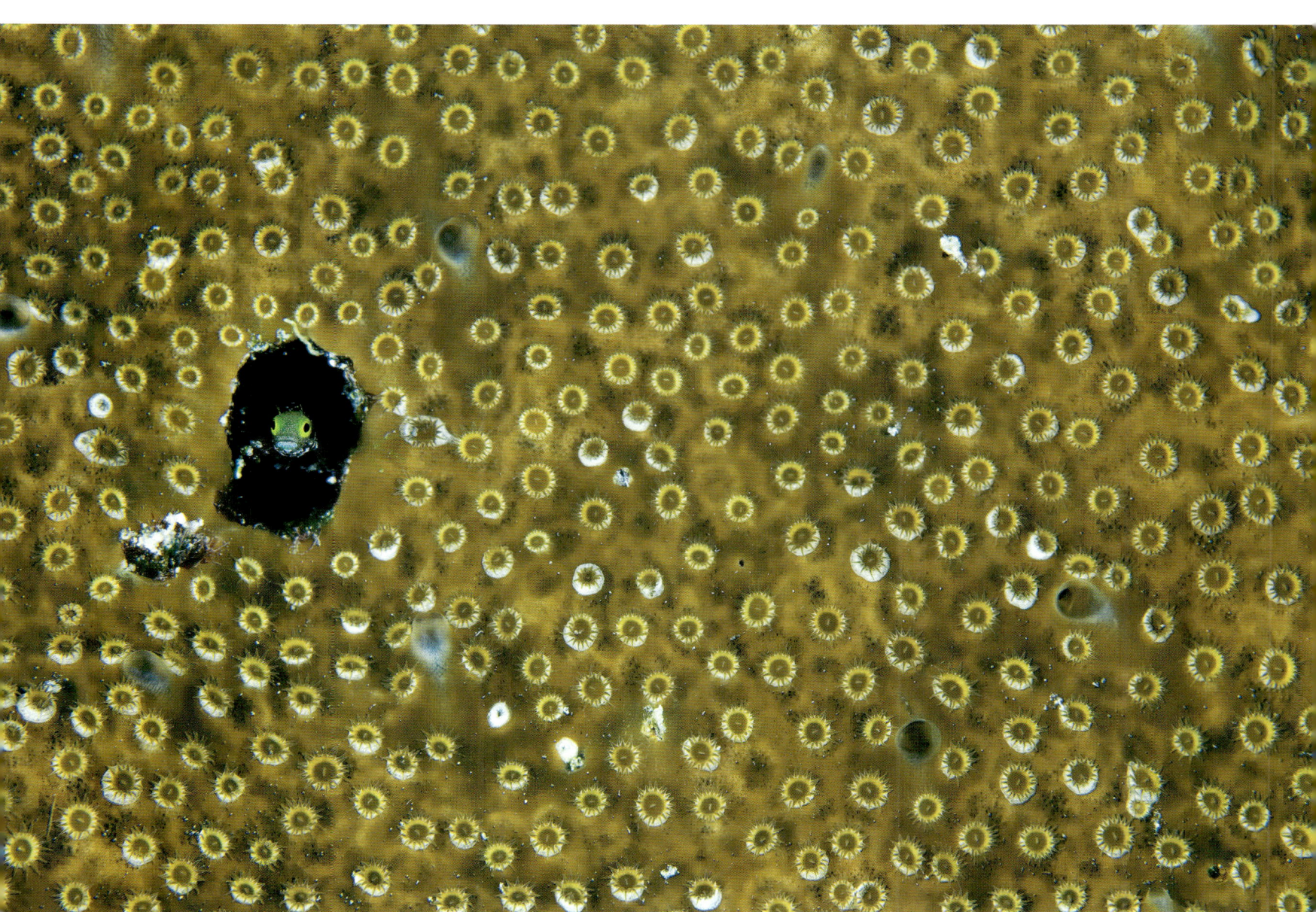

## Pinkfarbener Schaukelfisch

Der seitlich zusammengepresste Körper des Schaukel-
fisches (*Taenianotus triacanthus*) gestattet dieser Spezies, sich als Blatt zu tarnen. Die Wirkung wird noch verstärkt, wenn er sich sanft in der Brandung wiegt; einige
seiner Schuppen wurden zu Hautlappen umgebildet.
Schaukelfische sind in der Regel schwarz, braun, creme-
oder goldfarben. Diese pinkfarbene Variante findet man
normalerweise in farbenreichen Riffregionen, wo sie sich
nahtlos in die Korallenstöcke mit ihrer lebhaften Färbung
einfügt. Schaukelfische leben meistens in Zweier- oder
Dreiergruppen zusammen, in denen jedes Mitglied eine
andere Farbe hat.

Tulamben-Bucht, Bali. Indonesien, Java-See.
Nikon D2X + 105 mm, 1/250 bei F2

## Kofferfisch

Ein männlicher Gewöhnlicher Kofferfisch (*Ostracion cubi-
cus*) schwimmt gemächlich im offenen Meer unweit des
Riffs, voller Vertrauen in seine Rüstung. Der kantige Körper
besteht aus sechseckigen verdickten Knochenplatten, die
einen Schutzpanzer bilden. Die einzigen Öffnungen, mit
verdickter Haut versiegelt, lassen Augen, Maul, Flossen und
Kiemen frei. Diese Spezies sondert zusätzlich Ostracitoxin,
einen giftigen Schleim, durch die Haut ab.
Kofferfische sind in der Lage, einen Wasserschwall aus dem
Mund auszustoßen, um in sandigen Gebieten Futter freizu-
legen. Dieses Männchen war mal ein gelbes Weibchen.

Ras Mohammed, Sinai. Ägypten, Rotes Meer.
Nikon D2X + 105 mm, 1/50 bei F8

## ∧ Rotfeuerfisch über dem Riff

Ein Rotfeuerfisch (*Pterois volitans*) schwebt über dem Riff, seiner Abwehr sicher. Die stacheligen Strahlen der Rücken-, Anal- und Bauchflossen enthalten ein starkes Gift, das sich in einem Hautsekret auf den Stacheln befindet. Der Stich verursacht extreme Schmerzen, ist aber nicht lebensbedrohlich für Menschen. Für kleinere Arten kann er indes tödlich sein, da die Dosis entsprechend dem Körperumfang um ein Vielfaches höher ist. 2006 haben Forscher in Indien nachgewiesen, dass die Wirkstoffe des Rotfeuerfisch-Giftes Krebszellen abtöten.

Straße von Tiran, Golf von Akaba. Ägypten, Rotes Meer.
Nikon D2X + 16 mm, 1/80 bei F8

## Mappa-Kugelfisch

Diese spektakuläre Zeichnung des Mappa-Kugelfisches (*Arothron mappa*, 40 Zentimeter) könnte ein Tarnmuster oder eine Tarnfarbe sein, denn diese Spezies ist giftig. Das Gift des Kugelfisches, Tetradoxin, stammt von symbiotischen Bakterien und ist sowohl in der Haut vorhanden als auch in Leber und Eierstöcken konzentriert.

Kugelfische sind außerdem mit einer widerstandsfähigen, elastischen Haut und einem aufblasbaren Bauch bewehrt, der auf das Dreifache seiner ursprünglichen Größe anschwellen kann. Dieses Exemplar hatte den Bauch teilweise aufgepumpt, obwohl weit und breit keinerlei Anzeichen für eine Bedrohung zu erkennen waren.

Misool-Insel, Raja Ampat. Indonesien, Ceram-See.
Nikon D2X + 12–24 mm, 1/30 bei F7,1

## > Kokosnuss-Oktopus in Muschel

Der Kokosnuss-Oktopus (*Octopus marginatus*) sucht zwischen zwei Muschelhälften Unterschlupf. Kraken können ihre wendigen Körper in die engsten Lücken quetschen und ich bin oft überrascht, wie riesig sie sind, wenn sie sich aus einem kleinen Versteck herauswinden.

Diese Bilder zeugen von einer Ironie der Evolution. Kraken sind hoch entwickelte Mollusken, die ihre Schalen abgelegt haben, um mehr Beweglichkeit in ihrem Leben zu erlangen. Doch zur Verteidigung schlüpfen sie in die schützenden Gehäuse oder Schalen primitiver Weichtiere wie Schnecken und zweischalige Muscheln.

Puri Jati, Seririt, Bali. Indonesien, Java-See.
Nikon D2X + 60 mm, 1/50 bei F20

## ∧ Oktopus in Schneckengehäuse

Ein kleiner Kokosnuss-Oktopus (*Octopus marginatus*) sucht Zuflucht in einem Mondschneckengehäuse (sechs Zentimeter) auf einem exponierten sandigen Hang, der mit Becherkorallen von der Größe eines Würfels bedeckt ist. Kraken sind hochintelligent und können sich zu ihrem Schutz verschiedener Objekte bedienen. Dazu gehören nicht nur leere Weichtierschalen, sondern auch Kokosnussschalen, Flaschen und Dosen, die von Menschen weggeworfen wurden.

Puri Jati, Seririt, Bali. Indonesien, Java-See.
Nikon D2X + 10,5 mm + 1,5x TC, 1/25 bei F8

## ⌃ Flughahn

Dieser Flughahn (*Dactylopterus volitans*) breitet seine auffallend gefärbten »Schwingen« aus, wenn er flieht. Flughähne sind zigarrenförmige Fische, die auf dem Meeresboden Futter suchen und sich dabei auf fingerähnlichen Stacheln an ihren Rücken- und Brustflossen fortbewegen. Wenn sie aufgeschreckt werden, falten Flughähne plötzlich ihre großen flügelartigen Brustflossen auseinander und verändern ihr Erscheinungsbild erheblich, um sich mit einem übertriebenen Wackeln davonzumachen. Die »Schwingen« sind mit leuchtenden blauen Linien und Punkten gekennzeichnet, vermutlich um Feinde abzuschrecken. Einige Grashüpfer- und Falterarten besitzen ähnlich augenfällige Zeichnungen auf ihren Flügeln.

George Town, Grand Cayman. Kaimaninseln, Karibisches Meer.
Nikon D2X + 16 mm, 1/8 bei F13

## Zitronenhai mit Schiffshaltern

Ein Zitronenhai (*Negaprion brevirostris*, 2,5 Meter) mit Schiffshaltern (*Echineis naucrates*). Zitronenhaie sind in vielen mit Riffs verbundenen Lebensräumen beheimatet: Jungtiere bevorzugen den Schutz der Mangroven und die Heranwachsenden findet man oft in Lagunen, die von Saum- und Barriereriffen gebildet werden. Die Adulttiere ziehen weite Kreise, kehren aber jedes Jahr zu ihren Brutplätzen zurück.

Diese Spezies hat lange spitze Zähne, dafür gemacht, Fische zu packen, obwohl sie sich auch von größeren Riff-Invertebraten wie Hummern ernährt. Sie verleibt sich auch Koffer- und Kugelfische ein, obwohl nicht bekannt ist, wie sie deren Gift neutralisiert.

Kleine Bahama-Bank. Bahamas, Westatlantik.
Nikon D2X + 10,5 mm, 1/15 bei F20

Zwei Amerikanische Stechrochen (*Dasyatis americana*) gleiten bei Sonnenuntergang über eine Sandbank, auf der Suche nach Mollusken und Krustentieren. Ihre flachen scheibenförmigen Körper sind optimal an das Leben auf dem Meeresgrund angepasst. Stechrochen verstecken sich durch Eingraben im Sand, sodass nur noch die Augen herausschauen. Spirakel, Atemlöcher auf der Körperoberseite hinter den Augen, ermöglichen die Respiration, wenn Maul und Kiemen verschlossen sind. In Regionen, in denen sie verbreitet sind, findet man ihre Abdrücke häufig im Sand; sie erinnern mich an Schneeengel (Figuren, die entstehen, wenn man sich mit ausgebreiteten Armen und Beinen in den Schnee legt).

North Sound, Grand Cayman. Kaimaninseln, Karibisches Meer.
Nikon D2X + 10,5 mm, 1/125 bei F5,6

## ︿ Karettschildkröte frisst Quallen

Während der Osterzeit sieht man in der Karibik überall dichte Schwärme der kleinen Fingerhutquallen (*Linuche unguiculata*), saisonal bedingtes Futter, das den Echten Karettschildkröten (*Eretmochelys imbricata*) »zufällt«. Obwohl sich die karibische Karettschildkröte gewöhnlich von Schwämmen ernährt, schwimmt sie ins Freiwasser über dem Riff, um ihre Kost durch Quallen zu bereichern. Fingerhutquallen sind weithin bekannte Nesseltiere, deren mikroskopisch kleine Larven einen besonders schlimmen juckenden Ausschlag verursachen. Doch ihre ungewöhnliche Lebensgeschichte ist besonders interessant. Die Schwärme bestehen aus männlichen und weiblichen Quallen und die Brutzeit ist hauptsächlich auf April und Mai beschränkt. Die daraus hervorgehende Planula-Larve beendet nach wenigen Tagen ihre Schwimmphase und setzt sich am Meeresboden fest. Hier macht sie eine erstaunliche Verwandlung durch. Aus den Larven entstehen Polypen – wie die Polypen der Korallen –, die sich ungeschlechtlich vermehren und zu einer kleinen Kolonie heranwachsen. Im Lauf des Winters bilden die jungen, an die Kolonie gehefteten Quallen lange Ketten, die einem Fließband ähneln, und sind im darauffolgenden Frühjahr ausgewachsen.

Nordwand, Grand Cayman. Kaimaninseln, Karibisches Meer.
Nikon D2X + 28–70 mm, 1/125 bei F6,3

## › Weichkoralle und Grüne Meeresschildkröte

Der weitverbreiteten bunten Weichkoralle (*Dendronephthya sp.*) fehlen Zooxanthellen (fotosynthetisierende Algen); daher sind sie im Tiefwasser auf Riffhängen und -wänden besonders stark vertreten. *Dendronephthya* haben weichere Stacheln als Hartkorallen; sie fangen ihre Beute, indem sie blitzschnell schwimmende Partikel und Plankton ergreifen, die sich in ihren mit Kalknadeln oder krustigen Lappen bewehrten Tentakeln verfangen haben. Danach wird die Beute in die zentrale Mundöffnung geschoben.
Diese Weichkorallen, die sich aufpumpen können, sind messerscharf; das liegt an den Skleriten (Kalkplatten), die jedem einzelnen Polypen als Stütze dienen.

Sipadan-Insel, Sabah. Malaysia, Sulawesi-Meer.
Nikon D2X + 10,5 mm, 1/200 bei F8

## ⌃ Großaugenbarsch-Paar

Hier ist ein Großaugenbarsch-Paar (*Priacanthus blochii*) zu sehen. Ihre großen Augen und die rote Färbung sind charakteristisch für nachtaktive Riff-Fische. Die meisten Riff-Fische begeben sich am Tag oder in der Nacht auf Nahrungssuche. Beide »Schichten« benutzen oft dieselben Strukturen als Unterschlupf. Nachtaktive Arten stammen meistens von älteren Fischlinien ab und lassen weniger spezialisierte Anpassungen in ihrem Fressverhalten erkennen.

Einige wenige Fische zeigen überhaupt keine offensichtlichen tagaktiven Verhaltensmuster; das gilt insbesondere für die größeren fischfressenden Räuber wie Barrakudas und Zackenbarsche, die während der Übergangszeit, in der Morgen- und Abenddämmerung, oft am erfolgreichsten jagen.

Nuweiba, Golf von Akaba. Ägypten, Rotes Meer.
Nikon D2X + 105 mm, 1/50 bei F9

## ⌃ Gorgonie und Krinoide

Eine Hornkoralle (*Melithaea sp.*) wächst über das Riff hinaus, um in den Genuss besserer Futterbedingungen zu gelangen. In unmittelbarer Nähe des Riffs wird die Strömung durch Reibung beeinträchtigt und das Nahrungsangebot für Filtrierer in dieser tieferen Zone ist dürftiger. Hier hat ein opportunistischer schwarzer Haarstern (Krinoid), ebenfalls ein Filtrierer, aus demselben Grund die Spitze einer Hornkoralle erklommen.

Viele Gorgonien- und Korallenarten variieren in Form und Stabilität, eine Folge der Anpassung an lokale Lebensbedingungen. In stärkeren Strömungen entwickeln sie ein kleineres Netz, das ihnen mehr Halt verleiht.

Misool-Insel, Raja Ampat. Indonesien, Ceram-See.
Nikon D2X + 10,5 mm, 1/50 bei F7,1

163

# Harlekingarnele

Die verdächtige Farbenpracht der Harlekingarnele (*Hyme-nocera elegans*, fünf Zentimeter) könnte ein Warnsignal sein, denn sie ist giftig. Harlekingarnelen leben zumeist paarweise zusammen und ernähren sich ausschließlich von Seesternen, wobei ihre Beute oft erheblich größer ist als sie selbst. Dieses Exemplar ist weiblich; die großen Bauchplatten hinter den Hinterbeinen schützen ihre Eier. Wenn Harlekingarnelen einen Seestern fangen, trennen sie entweder einen Arm ab oder tragen das ganze Tier in ihre Behausung. Dort dient der Seestern als lebende Vorratskammer: Von einem großen Seestern kann sich ein Garnelenpaar mindestens einen Monat lang ernähren. Im Aquarium füttern Harlekingarnelen ihren gefangenen Seestern sogar, um ihn am Leben zu erhalten.

Seesterne besitzen außerdem eine enorme Regenerationsfähigkeit und wenn Harlekingarnelen einen Arm abtrennen, wächst dieser rasch nach. Angesichts dieser Umstände sollte man die Garnelen nicht als Räuber, sondern vielmehr als Parasiten klassifizieren.

Seraya, Tulamben-Region, Bali. Indonesien, Java-See.
Nikon D2X + 105 mm, 1/250 bei F29

## ⌃ Brunnenbauer

Dieser Brunnenbauer (*Opistognathus macrognathus*) späht aus seinem Versteck, einer Höhle. Der Höhlenbau ist bei den Riffspezies weit verbreitet. Brunnenbauer graben zuerst ein Loch und kleiden es dann mit sorgfältig positionierten Korallenstücken und Geröll aus; sie lassen nur eine Eingangsöffnung frei, durch die man wie bei einem Tunnel in eine größere unterirdische Kammer gelangt. Eine neue Höhle ist in weniger als einem Tag fertig.

Brunnenbauer brüten ihre Eier oral aus und oft sieht man Männchen, die ein ganzes Gelege im Maul tragen. Die Spezies lebt in kleinen Kolonien auf Flachwasser-Patchriffen.

East End, Grand Cayman. Kaimaninseln, Karibisches Meer.
Nikon D2X + 105 mm, 1/200 bei F20

## Männlicher Fahnenbarsch

Ein männlicher Juwelen-Fahnenbarsch (*Pseudanthias squamipinnis*) schwimmt knapp über dem Riff und fängt Plankton. Die sexuelle Identität ist ein ziemlich dehnbarer Begriff bei Riff-Fischen und viele ändern das Geschlecht zu irgendeinem Zeitpunkt ihres Lebens. Üblich ist der Wechsel von Weibchen zu Männchen, obwohl er bei Anemonenfischen und einigen weiteren Riffbewohnern andersherum verläuft.

Fahnenbarsche leben in festen Gruppen, in denen ungefähr acht orangefarbene Weibchen auf jedes dominante purpurrote Männchen kommen. Stirbt ein Männchen, wechselt ein Weibchen blitzschnell Geschlecht, äußeres Erscheinungsbild und Verhalten und tritt an seine Stelle. Harems und ein unausgewogenes Geschlechterverhältnis machen Sinn, denn ein solches Fortpflanzungssystem bedeutet, dass mehr als 80 Prozent der adulten Population Eier produziert und die stärksten männlichen Fische die neue Generation zeugen.

Scharm El-Scheich, Golf von Akaba. Ägypten. Rotes Meer.
Nikon D2X + 105 mm, 1/100 bei F10

## ⌃ Porträt eines Schulmeister-Schnappers

Dieser Schulmeister-Schnapper (*Lutjanus apodus*, 40 Zentimeter) lässt sich von der Strömung über dem Riff tragen. Schnapper sind nachtaktive Jäger und auf den regelmäßig betauchten »Hausriffen« mancher Ferienorte haben sie gelernt, das Licht der Tauchlampen für die Jagd zu benutzen. Rotfeuerfische haben die gleiche Fähigkeit entwickelt: Sie verstecken sich im Dunkeln und fangen blitzschnell Fische, die einen Moment lang von der Helligkeit geblendet sind. Junge Schulmeister-Schnapper er-

nähren sich hauptsächlich von Wirbellosen (Krebsen und Amphipoden – kleinen Krustentieren), während ältere Exemplare überwiegend Fischfresser sind.

George Town, Grand Cayman. Kaimaninseln, Karibisches Meer. Nikon D2X + 28–70 mm, 1/160 bei F7,1

## << Rotfeuerfisch-Porträt

Ein Rotfeuerfisch (*Pterois volitans*) schwebt über dem Riff, die anmutigen, aber giftigen Stacheln gespreizt. Für mich ist er der archetypische Riff-Fisch: exotisch, selten und hoch entwickelt. Zum Glück ist er auch weit verbreitet, kommt in den Riffen im Indopazifik und in Teilen des tropischen Westatlantiks vor, wo er versehentlich eingeführt wurde.

Ras Mohammed, Sinai. Ägypten, Rotes Meer.
Nikon D2X + 10,5 mm, 1/125 bei F13 (m)

## > Weichkorallen beim Fressen

Die üppigen Weichkorallen (*Dendronephthya sp.*), denen die fotosynthetischen Algen fehlen, haben eine kräftige Färbung, obwohl der Grund für die Vielfalt der Schattierungen ungeklärt ist. Das Erscheinungsbild dieser Weichkorallen-Gattungen variiert: Unmittelbar nach dem Fressen sehen sie prachtvoll und füllig aus, während sie runzelig und welk wirken, wenn seit der letzten Mahlzeit einige Zeit vergangen ist.

Weichkorallen sind eine farbliche Bereicherung für die indopazifischen Riffe und beeinflussen letztendlich die Anzahl der Besucher, die ein Tauchplatz anzieht. Taucher, die Weichkorallen in erschlafftem Zustand zu Gesicht bekommen, finden das Riff langweilig und öde; diejenigen, die es ein paar Stunden später in einer leichteren Strömung erkunden, rühmen es als hängenden Garten, der vor Leben vibriert. Die Schönheit eines Riffs mit Gesundheit zu verwechseln wäre ein Fehler, den wir Taucher häufig begehen.

Misool-Insel, Raja Ampat. Indonesien, Ceram-See.
Nikon D2X + 10,5 mm, 1/60 bei F7,1

## ^ Weichkorallen, Krinoide und Glasfische

Auf einer Riffwand findet man eine Vielfalt an Lebensformen, z. B. Weichkorallen, Krinoide und Glasfische. Korallenriffe nehmen sehr wenig Raum in den Meeren ein (weniger als zwei Prozent), werden aber von rund einem Drittel aller beschriebenen marinen Arten bevölkert. Ein Grund für die hochgradige Diversität ist die Beschaffenheit dieses Lebensraums oder Mikro-Habitats, die eine ungeheure Mannigfaltigkeit aufweist.

Schätzungen zufolge leben zwischen 600 000 und zehn Millionen Spezies in einem Riff. Um diese Zahl in die richtige Perspektive zu rücken: Bisher wurden insgesamt nur 1,8 Millionen Pflanzen- und Tierarten auf unserem Planeten beschrieben.

Menjangan-Insel, Bali. Indonesien, Java-See.
Nikon D2X + 105 mm, 1/100 bei F8

## > Balzende Felsenschönheiten

Eine großer männlicher Dreifarben-Kaiserfisch (*Holocanthus tricolor*) wirbt um ein Weibchen. Dreifarben-Kaiserfische leben in Harems mit drei bis fünf Weibchen und einem Männchen; das Ablaichen findet an den meisten Tagen in der Dämmerung statt. Nach dem Balztanz schmiegen sich die Männchen an den Bauch des Weibchens, während sich das Paar vom Riff entfernt und ablaicht.

Die meisten pelagisch lebenden, laichenden Riff-Fische versuchen, die Eier möglichst hoch über dem Riff auszustoßen, um die Verluste infolge der Beutezüge anderer Riffbewohner zu verringern und die Verbreitung im Plankton zu sichern. Das Aufwärtsschwimmen unterstützt außerdem die Fertilisationsrate, da Eier und Sperma im »Kielwasser« der Eltern gründlich vermischt werden.

George Town, Grand Cayman. Kaimaninseln, Karibisches Meer.
Nikon D2X + 105 mm, 1/250 bei F6,3

## ⌃ Büffelkopf-Papageifisch-Schwarm

Ein Schwarm großer Büffelkopf-Papageifische (*Bolbometopon muricatum*, bis zu 1,3 Meter) sammelt sich frühmorgens auf dem Riff, auf dem Weg zu den bevorzugten Futterplätzen. Die Büffelkopf-Papageifische sind die größten ihrer Art; beim Fressen hacken sie mit ihren »Schnäbeln« Stücke von den mit Algen bedeckten Felsen und Korallen ab. Diese werden dann in einem zweiten Kiefersatz in der Kehle, einem modifizierten Pharyngalapparat, zermalmt.

Die daraus resultierende pulverisierte Nahrung passiert das Verdauungssystem und wird als weißer Korallensand ausgeschieden. Papageifische können jährlich eine Tonne Korallensand pro 0,4 Hektar Riff produzieren und gehören auf geschützten Riffen zu denjenigen Arten, die am meisten zur Erosion beitragen.

Sipadan-Insel, Sabah. Malaysia, Sulawesi-Meer.
Nikon D2X + 10–17 mm, 1/40 bei F9

# PAARUNG DER HAMLETBARSCHE

## > Paarung der Hamletbarsche

Die Evolution ist ein unerbittlicher Prozess und Hamletbarsche stellen eine eng miteinander verwandte Gruppe von Riff-Fischen dar, die uns einen flüchtigen Blick auf die Artbildung gestatten.

Hamletbarsche (*Hypoplectrus spp.*) gehören zu den kleinen karibischen Barschen und sorgen immer wieder für Verwirrung bei den Taxonomen, die sie zu klassifizieren versuchen. Es gibt mindestens zehn verschiedene Farbvarietäten, die in der Karibik weit verbreitet sind, doch abgesehen von ihrer deutlich unterschiedlichen Färbung sind sie anatomisch nicht auseinanderzuhalten. Einige Ichthyologen (Fischkundler) sind überzeugt, dass es sich um ein und dieselbe Spezies handelt, obwohl die meisten sie zehn verschiedenen Arten zuordnen.

Heute müssen Wissenschaftler ein Tier nicht mehr sehen, um es zu klassifizieren – das Rätsel der Evolution lässt sich anhand der chemischen Zusammensetzung seiner Proteine lösen. Bei der Untersuchung der DNA von Hamletbarschen würde man indes feststellen, dass Spezies aus entgegengesetzten geografischen Regionen der Karibik enger miteinander verwandt sein können als Artgenossen, die dasselbe Riff bewohnen. Das liegt daran, dass sich Hamletbarsche erst in jüngster Vergangenheit entwickelt haben, sodass keine Zeit für eine genetische Differenzierung blieb; die genetischen Abweichungen sind Überreste des Erbguts ihrer Vorfahren. Alle Hamletbarsche hatten in den vergangenen 500 000 Jahren einen gemeinsamen Vorfahren. Und die Diversifikation läuft noch immer »auf Hochtouren«.

Der Mechanismus der Artbildung kommt zustande, weil Hamletbarsche besonders wählerisch bei der Partnersuche sind und sich fast immer für eine identische Farbvarietät entscheiden. Weniger als fünf Prozent aller Paare sind gemischtfarbig, und die daraus entstehenden Hybriden sind mit einem Anteil von ein bis zwei Prozent an der adulten Population noch seltener. Jedes Mal, wenn ein gleichfarbiges Hamletbarsch-Paar ablaicht, rückt es dem evolutionären Ziel – eine Art mit klar erkennbaren, charakteristischen Merkmalen zu bilden – einen Schritt näher. Das Verhalten gemischtfarbiger Hamletbarsch-Paare kommt dagegen einem evolutionären Rückschritt gleich. Hamletbarsche erinnern uns daran, dass wir nicht davon ausgehen sollten, dass unsere Definition der Arten für alle Tiere gültig sein muss. Charles Darwin war sich der Tatsache bewusst, dass sich nicht alle Lebensformen in Schubladen einordnen lassen, als er schrieb: »Ich habe soeben die Definitionen verschiedener Spezies miteinander verglichen ... Es ist wirklich lachhaft, zu sehen, welche Ideen verbreitet sind ... Ich glaube, das alles kommt bei dem Versuch heraus, das Unerklärbare zu erklären.« Ich glaube, Darwin hätte Hamletbarsche gemocht.

A)  Scheue Hamletbarsche (*Hypoplectrus guttavarius*)
B)  Indigo-Hamletbarsche (*Hypoplectrus indigo*)
C)  Braunband-Hamletbarsche (*Hypoplectrus unicolor*)
D)  Schwarze Hamletbarsche (*Hypoplectrus unicolor var. nigricans*)
E)  Schwarze Hamletbarsche (*Hypoplectrus unicolor var. providencianus*)
F + G)  Hybrides Ablaichen zwischen dem Scheuen Hamletbarsch (*H. guttavarius*) und dem Gelbbauch-Hamletbarsch (*H. aberrans*)

George Town, Grand Cayman.
Kaimaninseln,
Karibisches Meer.

## ⌃ Besenschwanz-Prachtlippfische
## bei der Paarung

Zwei Besenschwanz-Prachtlippfische (*Cheilinus lunulatus*) bei der Paarung in der Abenddämmerung. Das Männchen ist erheblich größer (40 Zentimeter) und prachtvoller gefärbt als das kleine unscheinbare Weibchen. Eine Klunzinger's Wrasse (*Thalassoma rueppellii*) folgt den beiden in der Hoffnung, sich die nahrhaften Eier einzuverleiben. Geschlechts- oder Sexualdimorphismus –

bauliche Unterschiede zwischen männlichen und weiblichen Lebewesen der gleichen Art, die sich nicht auf die Geschlechtsorgane selbst beziehen – ist vor allem bei Riff-Fischen vorherrschend, die das Geschlecht im Verlauf des Wachstumsprozesses wechseln. Bei vielen Spezies werden aus den Weibchen dominante Männchen; daher sind die Männchen größer und benötigen eine kräftigere

Färbung, um paarungswillige Weibchen anzulocken. Während der Geschlechtsumwandlung wachsen die Weibchen rapide, weil sie der Mühe enthoben sind, energiereiche Eier zu produzieren.

*Straße von Gubal, Golf von Suez. Ägypten, Rotes Meer.*
*Nikon D2X + 60 mm, 1/100 bei F6,3*

# Tanzender männlicher Fahnenbarsch

Imponiergehabe des Fahnenbarsch-Männchens (*Pseudan-thias squamipinnis*). Während der Sommermonate im Roten Meer schwimmt das purpurrote Fahnenbarsch-Männchen in der Dämmerung aufwärts und führt mit übertriebenem Wedeln seiner Brust- und Schwanzflossen einen Paarungstanz oberhalb seines Harems auf. Diese zur Schau gestellte Potenz wird durch U-fömige Tauch-gänge zu den Weibchen verstärkt, die dazu dienen, noch mehr Eindruck zu schinden.

Riff-Fisch-Weibchen produzieren und tragen während der Paarungszeit fortwährend Eier aus. Das ausgeklügelte Im-ponierverhalten der Männchen bietet ihnen sowohl ein Stimulans als auch die Zeit, ihre Eier für das bevorstehen-de Ablaichen zu hydratisieren. Die Bäuche der Weibchen können zu dieser Zeit sichtbar geschwollen sein.

Ras Mohammed, Sinai. Ägypten, Rotes Meer.
Nikon D2X + 105 mm, 1/60 bei F7,1

# Fahnenbarsche beim Ablaichen

Ein männlicher Fahnenbarsch (*Pseudanthias squamipin-nis*) gähnt, während er mit einem Weibchen ablaicht. Die Füsiliere (*Caesio sp.*) im Hintergrund lassen sich mit der Strömung treiben und tun sich an den Eiern gütlich.

Sobald die Fahnenbarsch-Weibchen zum Ablaichen bereit sind, schwimmen sie aufwärts und schließen sich den Männchen an, bevor sie sich mit einem blitzschnellen »Endspurt« ins offene Meer begeben und dabei Eier und Sperma absetzen. Dieser Prozess wirkt völlig chaotisch, weil Hunderte von Fischen aus einer großen Kolonie zusammenströmen und überall auf dem Riff ablaichen. Junggesellen-Gruppen, die unfähig sind, sich einen eige-nen Harem zuzulegen, nutzen ihre Chance: Sie haben wei-ter unten Startposition bezogen, um in Massen loszustür-men und mit so vielen Weibchen wie möglich abzulaichen, bevor der »Hausherr« sie verscheucht.

Ras Mohammed, Sinai. Ägypten, Rotes Meer.
Nikon D2X + 105 mm, 1/13 bei F7,1

## Nasen-Dreiflosser beim Ablaichen

Ein männlicher Nasen-Dreiflosser (*Helcogramma cf. rhinoceros*, drei Zentimeter) präsentiert seine beeindruckenden Paarungsfarben und seine lange Schnauze dem unscheinbaren Weibchen, das Eier in sein Nest legt.

Viele kleinere Riff-Fische, z. B. Blennyfische, Grundeln, Seepferdchen, Preußen- und Anemonenfische, bieten ihren Nachkommen bessere Überlebenschancen, wenn sie Eier legen und bis zum Schlüpfen der Jungen Brutpflege betreiben. Diese Strategie erfordert, dass weniger Energie in die Produktion, dafür aber mehr in die Betreuung der Eier investiert wird. Die Männchen haben oft die Aufgabe, das Gelege zu bewachen, während die Weibchen fressen und die nächste Partie Eier produzieren.

Seraya, Tulamben-Region, Bali. Indonesien, Java-See.
Nikon D2X + 150 mm, 1/250 bei F13

## Kupferschnapper und Laichaggregation

Ein ausgewachsener Kupferschnapper (*Lutjanus bohar*) an der Spitze der Gruppe, die sich zum Ablaichen eingefunden hat. Diese Spezies kann bis zu 90 Zentimeter lang werden und ist mit ungefähr 45 Zentimeter geschlechtsreif. Als gefürchteter Riffräuber lebt der Kupfer-Schnapper normalerweise solitär, schließt sich aber jedes Jahr seinen Artgenossen zum Ablaichen an. Gefangen und zubereitet, gehört er zu den Fischen, die als Red Snapper oder Roter Schnapper auf der Speisekarte stehen.

Verglichen mit den kleineren Riff-Fischen produzieren die größeren Arten weniger Eier im Verhältnis zu ihrem Körpergewicht und laichen seltener. Die großen Laichgruppen ziehen bekanntermaßen die größten Eierdiebe an und sowohl Walhaie als auch Stechrochen tauchen oft in der Dämmerung auf, um sich in den dichten Wolken von Eiern, die beim Massenablaichen entstehen, satt zu fressen.

Ras Mohammed, Sinai. Ägypten, Rotes Meer.
Nikon D100 + 105 mm, 1/45 bei F13

## ⌃ Pharao-Tintenfische bei der Paarung

Ein Pharao-Tintenfisch (*Sepia pharaonis*) schlingt seine Arme um das Gesicht eines Weibchens, während er seinen Spermasack in ihrer Spermatheca ablegt, einer Tasche unter der Mundöffnung. Die Eier sind zu diesem Zeitpunkt nicht befruchtet. Die Befruchtung findet erst dann statt, wenn die Eier gegen den Spermasack reiben, kurz bevor das Weibchen sie ablegt.

Der männliche Pharao-Tintenfisch hält sich normalerweise in der Nähe des Weibchens auf, bis alle Eier abgelegt

sind; er schirmt sie vor anderen Männchen ab, die versuchen, den ersten Spermasack auszuschwemmen und durch ihren eigenen zu ersetzen. Tintenfische lassen das pelagische Larvenstadium aus und die schlüpfenden Jungen gleichen einer Miniaturversion der Adulttiere.

Seraya, Tulamben-Region, Bali. Indonesien, Java-See.
Nikon D2X + 105 mm, 1/100 bei F6,3

## Nacktschnecke bei der Eiablage

Die Prachtsternschnecke (*Hypselodoris bullockii*) legt ihre Eier in Bändern ab, deren kräftige Farben vor ihrer Giftigkeit warnen. Sie sind Hermaphroditen, das heißt doppelgeschlechtlich: Sie übernehmen beide Geschlechtsrollen mithilfe einer Keimdrüse, Ovotestis genannt, die Hoden- und Eierstockgewebe enthält.

Sie sind nicht zur Selbstbefruchtung fähig; es bilden sich Paare, bei der beide Partner Sperma liefern, um die Eier des anderen zu befruchten. Die Befruchtung der Eier er-

folgt unabhängig vom Paarungsprozess, sobald die Eier abgelegt werden.

Die Larven der Nacktschnecke schließen sich dem Plankton an und haben eine Schale, die sie verlieren, wenn sie ausgewachsen sind und am Riff siedeln.

Kaimana-Region, südliche Vogelkopf-Halbinsel. West-Papua, Indonesien.
Nikon D2X + 105 mm, 1/250 bei F20

## Schwämme und Krinoide an einem Riffhang

Diese *Axinellida*-Schwämme und Krinoide wachsen an einem Riffhang. Es gibt mehr als 5000 Arten in der vielfältigen Gruppe, die zu den ersten mehrzelligen Tieren gehört und vor mehr als 650 Millionen Jahren entstand. Schwämme waren die ersten riffbildenden Tiere. Die wie antike Vasen geformten Archaeocyathiden bauten schon vor 500 Millionen Jahren Riffe im Flachwasser und schufen damit einen Lebensraum, der von vielen marinen Spezies bewohnt wird. Schwämme sind noch heute wichtige Mitglieder der Riffgemeinschaft, obwohl einige von ihnen das Riff eher zerstören, weil sie sich ihren Weg in die Korallenstöcke bohren, um Siedlungsraum zu erschließen.

Seraya, Tulamben-Region, Bali. Indonesien, Java-See.
Nikon D2X + 10,5 mm + 15x TC, 1/30 bei F6,3

## Krabbe stößt Larven aus

Eine weibliche Rundkrabbe klettert auf eine Koralle, bevor sie ihre Zoea-Larven ausstößt. Viele Krebstiere tragen ihre Eier mit sich herum, bis sie gerüstet sind, zu schlüpfen und sich dem Plankton anschließen; damit ermöglichen sie ihnen einen guten Start in einer Gemeinschaft, die darauf ausgerichtet ist, zu fressen oder gefressen zu werden.

Die Zoea-Larven der Krabben sind die mikroskopisch kleinen »mittelalterlichen Ritter« des Meeres mit ihren langen Stacheln auf dem panzerähnlichen Rückenschild. Trotz der vielen Jahre, die ich mit der Erforschung von Planktonproben verbracht habe, gehören sie zu meinen bevorzugten Larven.

Kaimana-Region, südliche Vogelkopf-Halbinsel. West-Papua, Indonesien.
Nikon D2X + 60 mm, 1/200 bei F29

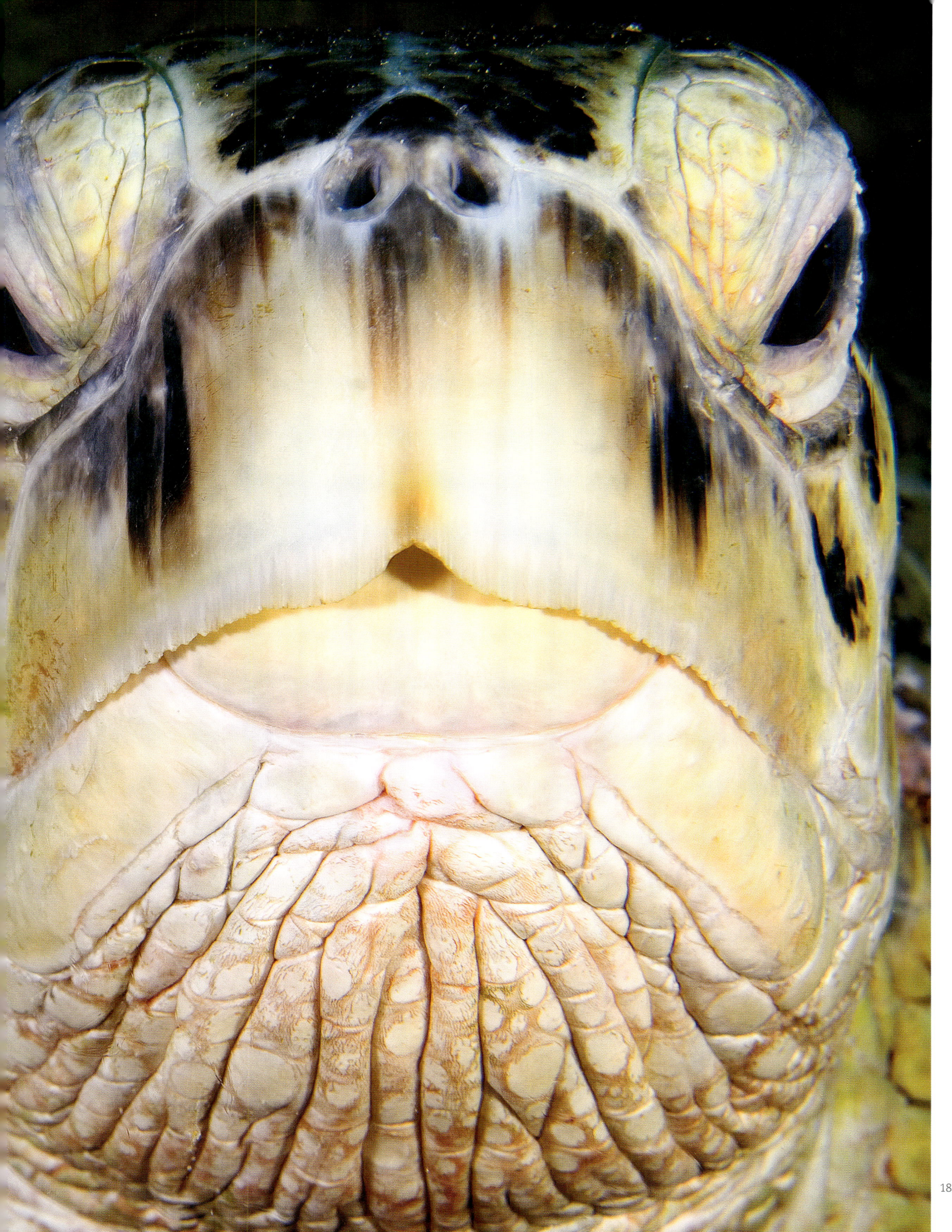

# Suppenschildkröte

Eine ausgewachsene Suppenschildkröte (*Chelonia mydas*) beobachtet ihren Fotografen. In Korallenriffen gibt es eine Fülle von Lebensformen und die Möglichkeit. Zugang zu dieser vielfältigen Unterwasserwelt zu erhalten, ist vermutlich der größte Anreiz für viele Besucher.

Für mich ist diese Umgebung eine der schönsten, um Flora und Fauna in ihrem natürlichen Lebensraum zu studieren; die Tiere sind nicht nur von einer unvergleichlichen Farbenpracht, sondern auch dicht gedrängt wie die Heringe. Die tierischen Bewohner der Korallenriffe nehmen

unsere Anwesenheit zudem mit erstaunlicher Gelassenheit hin. Ihren »Alltag« und ihr natürliches Verhalten zu beobachten ist ein guter Maßstab, an dem sich ablesen lässt, inwieweit der Besuch des Menschen in ihrem Reich als Störfaktor empfunden wird.

Sipadan-Insel, Sabah. Malaysia, Sulawesi-Meer.
Nikon D2X + 28–70 mm, 1/60 bei F10

# Sekretärinnen-Blennyfisch in einer Koralle

Ein Sekretärinnen-Blennyfisch (*Acanthemblemaria maria*) späht aus seiner Röhre in der Großen Sternkoralle (*Montastrea cavernosa*). Blennyfische richten sich oft in alten Wurmlöchern ein und bilden Kolonien mit einer strikten sozialen Hierarchie. Die größeren dominanten Männchen belegen die geräumigsten Wurmröhren mit Beschlag, vornehmlich im oberen Siedlungsbereich, wo sie den schnellsten Zugang zu planktonischer Nahrung haben.

Ich habe auch Blennyfische ohne Unterkunft gesehen. Dabei handelt es sich meistens um Jungtiere, die im Freiwasser Gefahr laufen, einem Räuber zum Opfer zu fallen. Stirbt ein dominanter Blennyfisch in der Kolonie, übernimmt der nächste in der Hierarchie sein Quartier und alle anderen rücken auf der Immobilienleiter eine Stufe vor!

West Bay, Grand Cayman. Kaimaninseln, Karibisches Meer.
Nikon D100 + 105 mm, 1/180 bei F32

# ⌃ Ein Schulmeister

Ein Schulmeister (*Lutjanus analis*) schwebt über der Reinigungsstation eines Riffs. Wie viele größere Riffspezies ist auch der Schulmeister durch Überfischen stark dezimiert und wird auf der Roten Liste der Weltnaturschutzunion IUCN als bedrohte Art geführt.

Riffe sind äußerst produktiv und könnten bei entsprechender Verwaltung gut befischt werden, doch das ist selten der Fall. Die immer noch vorherrschenden destruktiven Fangmethoden, wie Schleppnetz- und Dynamitfischen, die zur Zerstörung der Riffstrukturen führen, sind besonders problematisch.

Das Überfischen hat indes noch weitere Auswirkungen, die über die Vernichtung von Fischbeständen hinausgehen. Die Riff-Fische spielen eine wichtige Rolle im gesamten Ökosystem; die Herbivoren halten beispielsweise das Algenwachstum in Grenzen und sorgen dadurch für den Erhalt des Gleichgewichts zwischen Meerespflanzen und Korallen.

George Town, Grand Cayman. Kaimaninseln, Karibisches Meer.
Nikon D2X + 28–70 mm, 1/60 bei F8

# ANMERKUNGEN ZUR FOTOGRAFIE

© Eleonora Manca

Mit diesem Buch habe ich mir zum Ziel gesetzt, den Wundern des Lebens in Korallenriffen Tribut zu zollen. Korallenriffe sind durch menschliche Aktivitäten ernsthaft gefährdet, aber ich habe beschlossen, keine Fotos von beschädigten oder abgestorbenen Riffen in die Sammlung aufzunehmen (obwohl ich leider einige besitze). Stattdessen hoffe ich, mit diesem Buch zu einem besseren Verständnis der Riffe und ihrer Bewohner beizutragen und aufzuzeigen, was wir verlieren könnten und warum es sich für den Erhalt der Riffe zu kämpfen lohnt.

Meine ersten Unterwasser-Aufnahmen von einem Korallenriff entstanden, als ich neun Jahre alt war, und seither habe ich, mit kurzen Unterbrechungen (Schule, Studium, Beruf usw.), diese Sammlung ständig erweitert. Als Meeresbiologe war ich bis vor drei Jahren Vollzeit in meinem erlernten Beruf tätig. Meine Ausbildung und Erfahrung haben meinen Fotografiestil geprägt und mein Vorteil war, dass ich durch und durch mit dem biologischen Hintergrund vertraut bin, den ich mit meinen Fotos vermitteln möchte. Man kann den Meeresbiologen aus seinem Labor herausholen und mit einer Kamera ausgerüstet in die Unterwasserwelt versetzen, aber er bleibt immer Meeresbiologe ...

Die biologischen Beschreibungen alleine, gleich ob verbal oder durch entsprechende Bilder, können das innerste Wesen eines Korallenriffs nicht angemessen erfassen. Deshalb habe ich trotz der zahlreichen Aufnahmen, die Verhaltens-

weisen und Anpassungen der Riffspezies an ihren Lebensraum veranschaulichen, auch solche Aufnahmen eingefügt, die keinerlei wissenschaftlichen Anspruch haben, aber viel über die Persönlichkeit oder den Charakter der fotografierten Lebensformen aussagen. Zu diesen Lebensformen gehören etliche, die durch das statistische Raster einer wissenschaftlichen Studie fallen würden, jedoch zu den unauslöschlichen Erinnerungen eines Riffbesuchs zählen.

Korallenriffe variieren weltweit und ich wollte sowohl auf die Ähnlichkeiten als auch die Unterschiede hinweisen, um ein ausgewogenes Bild zu vermitteln. Viele Korallenriff-Bücher jüngeren Datums konzentrieren sich auf die vielfältigen Riffe in den südostasiatischen Gewässern des tropischen Westpazifiks. Ich habe versucht, eine etwa gleich große Anzahl Fotos von Korallengemeinschaften im Tropengürtel des Pazifischen, Atlantischen und Indischen Ozeans einzuschließen. Die karibischen Riffe sind bei Fotografen derzeit kaum gefragt. Dennoch geht ein Großteil der faszinierenden Naturgeschichte der Riffe auf die dort endemische Fauna zurück. Wer diese Region ausklammert, lässt sich etwas entgehen.

## AUSRÜSTUNG

Ich besitze, für einen professionellen Fotografen ungewöhnlich, nur eine einzige Kamera, aber ich freue mich sagen zu können, dass ich mich während des ganzen Projekts immer 100-prozentig auf meine Nikon D2X verlassen konnte. Sie geht in einem Subal-Gehäuse unter Wasser; das Licht wird von Subtronic- Blitzlichtgeräten geliefert, positioniert mit einem Ultralite-Armsystem. Bei den Aufnahmen für dieses Buch wurden mehr Linsen benötigt als bei Magazinfotos, um die umfangreiche Kollektion visuell vielfältiger zu gestalten. Die verwendeten Linsen waren: (Nikon, wenn nicht anders angegeben) 10,5 mm FE, 12–24 mm, 16 mm FE, 17–35 mm, 17–55 mm, Sigma 28–70 mm, 60 mm Makro, 105 mm Makro, 105 mm VR Makro, Sigma 150 mm Makro. Ich habe stets Nahlinsen hinter Domeports benutzt, um die Eckenschärfe zu verbessern (Weitwinkel-Rektilinear-Linsen 12–24, 17–35 und 17–55 mm), und Nahlinsen (wie Nikon 5T und Canon 500D) für zusätzliche Vergrößerungen bei vielen Makro-Fotografien. Bei Weitwinkel-Aufnahmen ohne Blitzlicht kamen häufig Auto-Magic-Filter zum Einsatz. Für Weitwinkel-Makro-Fotografien habe ich einen Kenko- 1,5x-Telekonverter in Verbindung mit einem 10,5-mm-Fischauge verwendet. Die fotografischen Informationen sind in den Bildlegenden enthalten; auf Angaben zu Filter und Blitzlicht habe ich dort verzichtet.

## MANIPULATION

Photoshop-Techniken sind ein machtvolles und kontrovers diskutiertes »Werkzeug« in der Digitalfotografie. Bei Aufnahmen in der freien Natur finde ich es wichtig, ein Objekt so wiederzugeben, wie es durch den Bildsucher erscheint. Mit Ausnahme einer Handvoll Aufnahmen, die in den Bildlegenden mit (m) markiert sind, wurde der Inhalt im Photoshop nicht manipuliert: nichts wurde hinzugefügt und nichts weggelassen. Die einzige Ausnahme ist die Fotomontage auf S. 106–107; sie setzt sich aus vier Aufnahmen desselben Seepferdchens zusammen und hält eine Bewegung fest, die in einem Einzelbild nicht anschaulich darzustellen wäre. Die wenigen Manipulationen in diesem Buch halte ich für gerechtfertigt, weil sie die damit verbundene Geschichte klarer vermitteln und zudem eine künstlerische Bereicherung der Sammlung darstellen.

## TECHNIKEN

Digitalkameras haben nicht nur zahlreiche innovative Techniken und Möglichkeiten mit sich gebracht, sondern auch einen Wandel des Auftrags

bewirkt, den Unterwasser-Fotografen haben. In der guten alten Zeit betrachteten wir uns als eine kleine handverlesene Gruppe von Privilegierten, denen es vergönnt war, die Wunder der Unterwasserwelt hautnah mitzuerleben. Unsere Aufgabe bestand darin, die Erfahrungen zu dokumentieren und allen zugänglich zu machen, denen sie verwehrt blieben. In unserer heutigen Informationsgesellschaft müssen wir unseren Lesern mehr Kenntnisse zugestehen. Die meisten Menschen wissen, wie ein Anemonenfisch aussieht. Infolgedessen hat sich unsere Aufgabenstellung erweitert, schließt die fotografische Interpretation unserer Motive ein. Ein Porträtfotograf macht mehr als nur Passbilder und das gilt auch für die Unterwasser-Fotografie. Das technische Ziel bei diesem Projekt bestand für mich darin, mir die neuen Möglichkeiten der Digitalkameras nutzbar zu machen, um eine Sammlung spektakulärer und ursprünglicher Aufnahmen von Korallenriffen zusammenzustellen.

Riffe sind faszinierende Ökosysteme, gekennzeichnet durch Farbenpracht und rege Geschäftigkeit. Ich war darauf erpicht, dieses vibrierende Leben in ebenso farbenprächtigen Fotos einzufangen, deren Dynamik oft nur noch als verschwommene Bewegung zum Ausdruck kam. Um Lebewesen oder Verhaltensweisen in ihrer na-

© Peter Rowlands

türlichen Umgebung darzustellen, habe ich mich nach Möglichkeit um Aufnahmen bemüht, bei denen die Beleuchtung durch die synchronisierten Blitzlichtanschlüsse und das natürliche Zwielicht ein ausgewogenes Bild ergaben. Dafür habe ich oft extrem lange Belichtungszeiten gebraucht. Die Vibrationsreduzierung der neuen 150-mm-VR-Linsen von Nikon waren bei der langen Belichtung der Makro-Fotografien eine große Hilfe.

Bei einem Großteil der Bilder in diesem Buch wurden traditionelle Techniken der Unterwasser-Fotografie verwendet. Hier möchte ich jedoch drei neue Techniken erwähnen, zu deren Einführung ich maßgeblich beigetragen habe. Die erste Neuerung war die Benutzung spezieller Filter, vor allem des Magic-Filters, der von mir entwickelt wurde und die Weitwinkel-Restlichtfotografie revolutioniert hat. Diese Technik war von Vorteil, um das weitläufige Panorama von Korallengärten, Fischschwärmen, großen marinen Lebensformen und Schiffswracks darzustellen. Die zweite war die Verwendung von 100-mm- und 150-mm-Linsen bei Non-Makro-Aufnahmen in der Unterwasser-Telefotografie, ein Schlüsselelement bei Porträtaufnahmen von großen Meeres-

bewohnern. Und drittens spielte die Makro-Weitwinkel-Technik eine wichtige Rolle, bei der 10,5-mm-Fischaugenlinsen mit einem 1,5x-Telekonverter kombiniert wurden, um Fotos mit einem Makro-Vordergrund von einem Objekt aufzunehmen, das sich auf einem Weitwinkel-Hintergrund befindet.

Und schließlich sind Fische bekanntlich ein unkooperatives fotografisches Objekt und ich werde oft gefragt, wie es mir gelungen ist, »Freiwillige« zu finden, die es mir ermöglichten, so spektakuläre Porträts oder authentische Bilder von natürlichen Verhaltensweisen zu machen. Normalerweise erkläre ich daraufhin, dass ich keinen Fisch esse und meine Objekte gespürt haben müssen, dass ich keine Bedrohung darstelle. Doch in Wirklichkeit lag es wohl daran, dass ich viel Zeit mit ihnen verbrachte, mich in Geduld fasste, bis sie »entspannt« waren, versuchte, ihnen so nahe wie möglich zu kommen und nur dann zu fotografieren, wenn sie dazu bereit waren. Digitalkameras haben viele neue Techniken in der Unterwasser-Fotografie ermöglicht, doch die Grundregeln sind dieselben geblieben. Obwohl es sicher von Vorteil ist, keinen Fisch zu essen.

## UMWELT

Unterwasser-Fotografen haben den schlechten Ruf, im Zuge ihrer beruflichen Tätigkeit die Korallen zu zerstören oder rücksichtslos in die marine Lebenswelt einzudringen. Ein solches Verhalten ist in meinen Augen untragbar und außerdem unnötig, wenn ein Fotograf über das erforderliche Know-how verfügt. Ich bin unter Wasser stets darauf bedacht, das Riff nicht zu beschädigen, und würde auf Fotos verzichten, wenn diese Gefahr bestünde. Um Porträts oder Verhaltensweisen darzustellen, die charakteristisch sind und Beobachtung erfordern, muss man das Vertrauen der Riffbewohner gewinnen, und dieses Ziel erreicht man nicht, wenn man Jagd auf sie macht oder ihr Habitat vernichtet.

Als Taucher müssen wir uns auch vor Augen halten, dass unsere Verantwortung für die marine Umwelt nicht mit dem Auftauchen endet. Es macht keinen Sinn, darauf zu achten, keine Koralle zu berühren, und dann Fisch zum Essen zu bestellen. Wenn ich unterwegs bin, denke ich auch an die Spuren, die ich durch meinen Wasser-, Nahrungs- und Strombedarf hinterlasse, an die Abfallentsorgung und den persönlichen Kohlenstoff-Fußabdruck. Ich habe alle Kohlenstoff-Emissionen, zu denen ich durch meine Flugreisen während der Entstehung dieses Buches beigetragen habe, mit *Climate Care* (www.climate-care.org) auszugleichen versucht. Und schließlich finde ich es wichtig, Riffe als etwas zu betrachten, das alle angeht: Die Entscheidungen, die wir jeden Tag hinsichtlich der gekauften Nahrungsmittel und der von uns produzierten Schadstoffe fällen, bewirken auf der globalen Ebene einen großen Unterschied. Und deshalb sollten wir alles in unserer Macht Stehende tun, um dieses faszinierende Ökosystem zu erhalten.

# BIBLIOGRAFIE

Brahic, C.: »The Impact of Rising Global Temperature«, *New Scientist*, Februar 2007.

Davidson, O.: *The Enchanted Braid. Coming To Terms With Nature On The Coral Reef*, New York 1998.

DeLoach, N., und P. Human: *Reef Fish Behavior, Florida, Caribbean, Bahamas*, USA 1999.

Ferrari, A., und A. Ferrari: *Oceani Segreti*, Italien 2004.

Ferrari, A., und A. Ferrari: *A Diver's Guide to Reef Life*, Malaysia 2006.

Gosliner, T., D. Behrens und G. Williams: *Coral Reef Animals of the Indo-Pacific*, Kalifornien 1996.

Grimsditch, G., und R. Salm: *Coral Reef Resilience and Resistance to Bleaching*, IUCN, Gland, Schweiz 2006.

Halstead, B.: *Riff-Führer Korallenmeer*, Jahr Top Spezial 2004.

Hanna, N., und A. Mustard: *Tauchen ultimativ*, Köln 2006.

Human, P., und N. DeLoach: *Reef Fish Identification, Florida, Caribbean, Bahamas*, Florida 2002.

Intergovernmental Panel on Climate Change: *IPCC Vierter Sachstandsbericht – Klimawandel 2007*, IPCC, Paris, Februar 2007.

Kleypas, J., R. Feely, V. Fabry, C. Langdon, C. Sabine und L. Robbins: *Impacts of Ocean Acidification on Coral Reefs and Other Marine Calcifiers. A Guide for Future Research, report of a workshop*, Florida 2006.

Kuiter, R., und H. Debelius: *Atlas der Meeresfische*, Stuttgart 2006.

Marshall, P., und H. Schuttenberg: *A Reef Manager's Guide to Coral Bleaching*, Great Barrier Reef Marine Park Authority, Townsville, Australien 2006.

Perrine, D.: *Mysteries of the Sea*, Illinois 1997.

Petrinos, C.: *Realm of the Pygmy Seahorse,* Athen, Griechenland 2001.

Pitkin, L.: *Coral Fish*, The Natural History Museum, London 2001.

Porter, J., und J. Tougas: *Reef Ecosystems: Threats to Their Biodiversity*, Encyclopedia of Biodiversity, Bd. 5, Kalifornien 2001.

Reader's Digest: *Great Barrier Reef*, Reader's Digest, Sydney, Australien 1984.

Sale, P. (Hrsg.): *The Ecology of Fishes on Coral Reefs*, Kalifornien 1991.

Sale, P. (Hrsg.): *Coral Reef Fishes: Dynamics and Diversity in a Complex Ecosystem*, Kalifornien 1991.

Sorokin, Y.: *Coral Reef Ecology*, Ecological Studies, Bd. 102, Berlin 1995.

Stafford-Deitsch, J.: *Reef, a Safari Through the Coral World*, London 1991.

Steene, R.: *Coral Seas*, London 1999.

Stern, N.: *Stern Review on the Economics of Climate Change*, Cambridge 2007.

Waddell, O. (Hrsg.): *The State of Coral Reef Ecosystems of the United States and Pacific Freely Associated States*, NOAA Technical Memorandum NOS NCCOS 11, USA 2005.

Wilkinson, C. (Hrsg): *Status of Coral Reefs of the World: 2004*, AIMS, Townsville, Australien 2004.

Wood, R.: *Reef Evolution*, Oxford 1999.

# DANK

Ein Projekt wie dieses Buch wäre ohne die Hilfe und Unterstützung vieler Menschen nicht möglich. Einer der Vorteile, an einem solchen Projekt zu arbeiten, ist, dass ich viele neue Freunde gewonnen habe, die sich alle von meiner Begeisterung für Korallenriffe anstecken ließen.

Ich möchte mich bei den vielen Tauchanlagen, Tauchschiffen und Tauchzentren bedanken, die mich während der Aufnahmen für dieses Buch beherbergt haben. Der Platz reicht leider nur aus, Firmennamen zu nennen, doch es waren die Menschen hinter den Namen, die meinen Aufenthalt produktiv und zur Freude machten. Vielen Dank. In Bali: *Scuba Seraya Resort*, *Diving 4 Images*, *Bali Hai Diving Adventures*, *Geko Dive*, *Zen Resort Hotel*, *Water Garden Hotel*, *Mimpi Resort Menjangan* und *Mimpi Divers*. In Grand Cayman: *Ocean Frontiers*, *Dive Tech*, *Sunset House*, *Deep Blue Divers*, *Compass Point* und *Villas of the Galleon*. Auf den Malediven: *Maldives Scuba Tours* und *MY Sea Queen*. In West-Papua: *Diving 4 Images* und *MY Seahorse*. In Florida und auf den Bahamas: *Jim Abernethy Scuba Adventures*, *Wetpixel* und *MV Shearwater*. In Malaysia: *Seaventures Dive Resort*, *Kapalai Dive Resort*, *Borneo Divers Mabul Resort* und *Scubaozoo*. Am Roten Meer: *Tony Backhurst Scuba Travel*, *Tornedo Marine Fleet*, *MY Cyclone* und *MY Typhoon*, *Emperor Divers*, *Divers La Sirène* und *Coral Hilton Nuweiba*. In Sulawesi: *Kungkungan Bay Resort*, *Santika Manado Hotel*, *Eco Divers* und *Thalassa Dive Centre*. Außerdem danke ich *Divequest*, Andrea und Antonella Ferrari, Robert Delfs, Paul Lees und Steve Broadbelt für ihre Hilfe bei meinen Reisen.

Danken möchte ich auch Steve Warren und der Gang von *Ocean Optics* in London für die Lieferung und Wartung meiner Unterwasser-Kamera-Ausrüstung; Tony Clark FRPS und seinem Team von *London Camera Exchange*, Southampton, für Kamera und Linsen; *Subal housings*, *Cameras Underwater*, *Cathy Church's Underwater Photo Center*, *Ikelite*, *Nikon Professional Service UK*, *Sigma UK* und *Magic Filters* für ihre Produkte und ihre Unterstützung. Die Röhrenblitze waren während des ganzen Projekts zuverlässig und ich danke *JP Trenque* und Jane Morgan, die mir kurzfristig ihre geliehen haben. Mein Dank geht auch an *Scubapro*, die meine Unterwasser-Models und mich mit erstklassiger Tauchausrüstung versorgt haben, insbesondere Andy Shears, James Lutener und Laura Edwards von *Scubapro UWTEK UK*.

Dankbar bin ich außerdem für die klugen Ratschläge von zwei Experten der britischen Unterwasser-Fotografie: Peter Rowlands und Martin Edge. Peter reiste mit mir zu mehreren Fototerminen für dieses Buch und stand mir mit unschätzbar wertvollen Tipps und Ermutigungen zur Seite. Er erscheint außerdem auf einigen Aufnahmen. Mit Martin bin ich nie getaucht, aber er unterbrach seinen vollgepackten Terminplan als Dozent, um mich zu besuchen und mir bei der Erstellung der Foto-Auswahlliste zu helfen. Seine weisen Augen trugen dazu bei, die Spreu vom Weizen zu trennen. Bedanken möchte ich mich auch bei Mike Conquer vom *National Oceanography Centre*, Southampton, für seine Ratschläge bei der Entwicklung der Fotos; bei meinen Freunden und Kollegen von *Wetpixel.com* und der *British Society of Underwater Photographers* für ihre Ermutigung und Empfehlungen.

Des Weiteren danke ich: Dr. Luiz Rocha; Leslie H. Harris, *Natural History Museum of Los Angeles County* (Kalifornien, USA); William Heaton; Dr. John E. (Jack) Randall, *Bishop Museum* (Hawaii, USA); und Graham Abbott, *Diving 4 Images* für die Hilfe bei der Identifizierung verschiedener Lebewesen auf den Fotos. »Im Riff« ist kein Bestimmungsbuch und falsche Zuordnungen gehen auf mein Konto.

Ich bedanke mich außerdem bei: Peter Martin, Ben Steward, Andrea Ferrari und Thomas Mustard für die nützlichen Kommentare und Vorschläge zum Text des Buches; Dr. Annelise Hagan, *University of Cambridge* (GB), für ihre Anmerkungen zum wissenschaftlichen Inhalt. Mein besonderer Dank gilt Sylvia Sullivan, die das Buch lektoriert und »feingeschliffen« hat; Mandy McDougall für das fantastische Design; Pete Duncan und der ganzen Mannschaft von *Constable & Robinson*, die dieses Projekt ermöglicht haben.

Und zum Schluss möchte ich mich bei meiner Familie und meinen Freunden für ihre Unterstützung bedanken. Vor allem bei l'amore mio Eleonora für ihre Liebe und ihr Verständnis – ich kann es kaum erwarten, weiterhin Korallenriffe mit dir zu erkunden.